우리나라 수학과 교육과정에서 초등학교 수학 내용은 '수와 연산', '도형', '측정', '규칙성', '자료와 가능성'의 5개 영역으로 구성되는데, 우리가 이 교재에서 다룰 영역은 '규칙성'입니다.

수학은 전통적으로 수와 도형에 관한 학문으로 인식되어 왔지만, '패턴은 수학의 본질이며 수학을 표현하는 언어이다'라고 말한 수학자 Sandefur & Camp의 말에서 알 수 있듯이 패턴(규칙성)은 수학의 주제들을 연결하는 하나의 중요한 핵심 개념입니다.

생활 주변이나 여러 현상에서 찾을 수 있는 규칙 찾기나 두 양 사이의 대응 관계, 비와 비율 개념과 비례적 사고 개발 등의 규칙성과 관련된 수학적 내용들은 실생활의 복잡한 문제를 해결하는 데 매우 유용하며 다양한 현상 탐구와 함수 개념의 기초가 되고 추론 능력을 기르는 데에도 큰 도움이 됩니다.

그럼에도 규칙성은 학교교육에서 주어지는 학습량이 다른 영역에 비해 상대적으로 많이 부족한 것처럼 보입니다. 교육과정에서 규칙성을 독립 단원으로 많이 다루기보다는 특정 영역이 아닌 모든 영역에서 필요할 때 패턴을 녹여서 폭넓게 다루고 있기 때문입니다.

기탄영역별수학-규칙성편은 학교교육에서 상대적으로 부족해 보이는 규칙성 영역의 핵심적 내용들을 집중적으로 체계 있게 다루어 아이들이 규칙성이라는 수학적 탐구 방법을 통해 문제를 쉽게 해결하고 중등 상위 단계(함수 등)로 자연스럽게 개념을 연결할 수 있도록 구성하였습니다.

아이들이 학습하는 동안 자연스럽게 수학적 탐구 방법으로써의 패턴(규칙성)을 이해하고 발전시켜 나갈 수 있도록 구성하였습니다.

수학을 잘하기 위해서는 문제의 패턴을 찾는 능력이 매우 중요합니다.

그런데 이렇게 중요한 패턴 관련 학습이 앞에서 말한 것처럼 학교교육에서 상대적으로 부족해 보이는 이유는 초등수학 교과서에 독립된 규칙성 단원이 매우 적기 때문입니다. 현재 초등수학 교과서 총 71개 단원 중 규칙성을 독립적으로 다룬 단원은 6개 단원에 불과합니다. 규칙성을 독립 단원으로 다루기에는 패턴 관련 활동의 다양성이 부족하기도 하고, 또 규칙성이 수학적 주제라기보다 수학 활동의 과정에 가깝기 때문입니다.

그럼에도 불구하고 우리 아이들은 패턴을 충분히 다루어 보아야 합니다. 문제해결 과정에 가까운 패턴을 굳이 독립 단원으로도 다루었다는 건 그만큼 그 내용이 수학적 탐구 방법으로써 중요하고 다음 단계로 나아가기 위해 꼭 필요하기 때문입니다.

기탄영역별수학-규칙성편은 이 6개 단원의 패턴 관련 활동을 분석하여 아이들이 학습하는 동안 자연스럽게 수학적 탐구 방법으로써 규칙성을 발전시켜 나갈 수 있도록 구성하였습니다.

집중적이고 체계적인 패턴 학습을 통해 문제해결력과 수학적 추론 능력을 향상시켜 상위 단계(함수 등)나 다른 영역으로 연결하는 데 어려움이 없도록 구성하였습니다.

반복 패턴 □★□□★□□★□……에서 반복되는 부분이 □★□임을 찾아내면 20번째에는 어떤 모양이 올지 추론이 가능한 것처럼 패턴 학습을 할 때 먼저 패턴의 구조를 분석하는 활동은 매우 중요합니다.

또, □가 1, 2, 3, 4……로 변할 때, △는 2, 4, 6, 8……로 변한다면 △가 □의 2배임을 추론할 수 있는 것처럼 두 양 사이의 관계를 탐색하는 활동은 나중에 함수적 사고로 연결되는 중요한 활동입니다.

패턴 학습에는 수학 내용들과 연계되는 이런 중요한 활동들이 많이 필요합니다.

기탄영역별수학-규칙성편을 통해 이런 활동들을 집중적이고 체계적으로 학습해 나가는 동안 문제해결력과 추론 능력이 길러지고 함수 같은 상위 개념의 학습으로 아이가 가진 개념 맵(map)이 자연스럽게 확장될 수 있습니다.

이 책의 구성

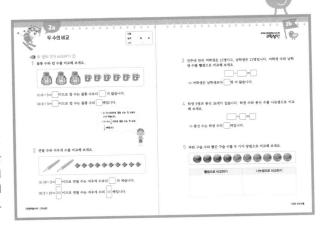

본 학습

제목을 통해 이번 차시에서 학습해야 할
내용이 무엇인지 짚어 보고, 그것을 익히기
위한 최적화된 연습문제를 반복해서
집중적으로 풀어 볼 수 있습니다.

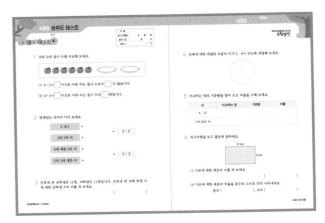

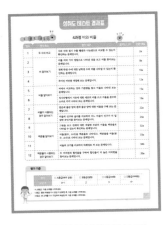

성취도 테스트

성취도 테스트는 본문에서 집중 연습한 내용을 최종적으로 한번 더 확인해 보는 문제들로 구성되어 있습니다.
성취도 테스트를 풀어 본 후, 결과표에 내가 맞은 문제인지 틀린 문제인지 체크를 해가며 각각의 문항을 통해
성취해야 할 학습목표와 학습내용을 짚어 보고, 성취된 부분과 부족한 부분이 무엇인지 확인합니다.

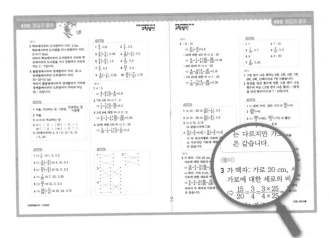

정답과 풀이

차시별 정답 확인 후 제시된 풀이를 통해
올바른 문제 풀이 방법을 확인합니다.

기탄 **영역별수학**
규칙성편

4과정
비와 비율

차례

두 수의 비교

두 양의 크기 비교하기 ①

그림을 보고 물음에 답하세요.

1 닭 수와 달걀 수를 써 보세요.

⇨ 닭은 ☐ 마리이고, 달걀은 ☐ 개입니다.

2 닭 수와 달걀 수를 뺄셈으로 비교해 보세요.

☐ − ☐ = ☐

⇨ 달걀 수는 닭 수보다 ☐ 더 많습니다.

⇨ 닭 수는 달걀 수보다 ☐ 더 적습니다.

두 양의 크기를 뺄셈과 나눗셈으로 비교할 수 있습니다.

3 닭 수와 달걀 수를 나눗셈으로 비교해 보세요.

$8 ÷ ☐ = ☐$, $4 ÷ ☐ = \dfrac{☐}{☐}$

⇨ 달걀 수는 닭 수의 ☐ 배입니다.

⇨ 닭 수는 달걀 수의 $\dfrac{☐}{☐}$ 배입니다.

그림을 보고 물음에 답하세요.

4 다람쥐 수와 도토리 수를 써 보세요.

⇨ 다람쥐는 ☐마리이고, 도토리는 ☐개입니다.

5 다람쥐 수와 도토리 수를 뺄셈으로 비교해 보세요.

☐-☐=☐

⇨ 도토리 수는 다람쥐 수보다 ☐ 더 많습니다.

⇨ 다람쥐 수는 도토리 수보다 ☐ 더 적습니다.

6 다람쥐 수와 도토리 수를 나눗셈으로 비교해 보세요.

$9÷☐=☐$, $3÷☐=\frac{☐}{☐}$

⇨ 도토리 수는 다람쥐 수의 ☐배입니다.

⇨ 다람쥐 수는 도토리 수의 $\frac{☐}{☐}$배입니다.

2a 두 수의 비교

🐟 두 양의 크기 비교하기 ②

1 물통 수와 컵 수를 비교해 보세요.

(1) $6-3=$ ☐ 이므로 컵 수는 물통 수보다 ☐ 더 많습니다.

(2) $6÷3=$ ☐ 이므로 컵 수는 물통 수의 ☐ 배입니다.

- $6-3=3$ 이므로 물통 수는 컵 수보다 3 더 적습니다.
- $3÷6=\dfrac{1}{2}$ 이므로 물통 수는 컵 수의 $\dfrac{1}{2}$ 배입니다

2 연필 수와 지우개 수를 비교해 보세요.

(1) $10-2=$ ☐ 이므로 연필 수는 지우개 수보다 ☐ 더 적습니다.

(2) $2÷10=\dfrac{☐}{☐}$ 이므로 연필 수는 지우개 수의 $\dfrac{☐}{☐}$ 배입니다.

3 진주네 반의 여학생은 15명이고, 남학생은 12명입니다. 여학생 수와 남학생 수를 뺄셈으로 비교해 보세요.

⇨ 여학생은 남학생보다 ☐명 더 많습니다.

4 학생 9명과 풍선 36개가 있습니다. 학생 수와 풍선 수를 나눗셈으로 비교해 보세요.

$$\boxed{} \div \boxed{} = \boxed{}$$

⇨ 풍선 수는 학생 수의 ☐배입니다.

5 파란 구슬 수와 빨간 구슬 수를 두 가지 방법으로 비교해 보세요.

뺄셈으로 비교하기	나눗셈으로 비교하기

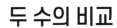

두 수의 비교

이름		
날짜	월	일
시간	: ~ :	

🐟 변하는 두 양의 관계 알아보기 ①

1 표를 보고 모둠 수에 따른 남학생 수와 여학생 수를 비교해 보세요.

모둠 수	1	2	3	4
남학생 수(명)	5	10	15	20
여학생 수(명)	3	6	9	12

(1) 모둠 수가 1이면 남학생은 여학생보다 ☐ 명 더 많습니다.

모둠 수가 2이면 남학생은 여학생보다 ☐ 명 더 많습니다.

(2) 모둠 수에 따라 남학생은 여학생보다 각각 ☐ 명, ☐ 명, ☐ 명, ☐ 명 더 많습니다.

2 표를 보고 모둠 수에 따른 모둠원 수와 붙임딱지 수를 비교해 보세요.

모둠 수	1	2	3	4	5
모둠원 수(명)	4	8	12	16	20
붙임딱지 수(장)	8	16	24	32	40

(1) 모둠 수가 1이면 붙임딱지 수는 모둠원 수의 ☐ 배입니다.

모둠 수가 2이면 붙임딱지 수는 모둠원 수의 ☐ 배입니다.

(2) 붙임딱지 수는 모둠원 수의 ☐ 배입니다.

모둠원 수는 붙임딱지 수의 ☐/☐ 배입니다.

3 올해 서우는 13살, 서우의 동생은 9살입니다. 물음에 답하세요.

(1) 표를 완성해 보세요.

	올해	1년 후	2년 후	3년 후	4년 후
서우 나이(살)	13	14			
동생 나이(살)	9	10			

(2) ☐ 안에 알맞은 수를 써넣으세요.

서우는 동생보다 항상 ☐ 살 더 많습니다.

동생은 서우보다 항상 ☐ 살 더 적습니다.

4 한 모둠은 6명씩이고, 한 모둠에 가위를 3개씩 나누어 주었습니다. 물음에 답하세요.

(1) 표를 완성해 보세요.

모둠 수	1	2	3	4	5
모둠원 수(명)	6	12			
가위 수(개)	3	6			

(2) ☐ 안에 알맞은 수를 써넣으세요.

모둠원 수는 가위 수의 ☐ 배입니다.

가위 수는 모둠원 수의 ☐/☐ 배입니다.

두 수의 비교

 변하는 두 양의 관계 알아보기 ②

한 모둠은 5명씩이고, 한 모둠에 붙임딱지를 10장씩 나누어 주었습니다. 물음에 답하세요.

1 모둠 수에 따른 모둠원 수와 붙임딱지 수를 구해 표를 완성해 보세요.

모둠 수	1	2	3	4	5
모둠원 수(명)	5	10	15	20	25
붙임딱지 수(장)	10	20			

2 모둠 수에 따른 모둠원 수와 붙임딱지 수를 뺄셈과 나눗셈으로 비교해 보세요.

뺄셈으로 비교하기	나눗셈으로 비교하기

3 뺄셈으로 비교한 경우 모둠 수에 따른 모둠원 수와 붙임딱지 수의 관계가 변하나요? 변하면 '예' 변하지 않으면 '아니요'로 답하세요.

(   )

4 나눗셈으로 비교한 경우 모둠 수에 따른 모둠원 수와 붙임딱지 수의 관계가 변하나요? 변하면 '예' 변하지 않으면 '아니요'로 답하세요.

(   )

한 모둠에 피자를 한 판씩 나누어 주었습니다. 한 모둠이 4명씩이고 피자 한 판은 8조각입니다. 물음에 답하세요.

5 모둠 수에 따른 모둠원 수와 피자 조각 수를 구해 표를 완성해 보세요.

모둠 수	1	2	3	4	5
모둠원 수(명)	4	8	12	16	20
피자 조각 수(조각)	8	16			

6 모둠 수에 따른 모둠원 수와 피자 조각 수를 뺄셈과 나눗셈으로 비교해 보세요.

뺄셈으로 비교하기	나눗셈으로 비교하기

7 뺄셈으로 비교한 경우와 나눗셈으로 비교한 경우는 어떤 차이가 있는지 설명해 보세요.

_____

_____

두 수의 비교

이름		
날짜	월	일
시간	: ~ :	

🐟 두 양의 크기를 비교하고 두 양의 관계에 대해 이야기하기

1 사과 수와 접시 수를 잘못 비교한 사람은 누구인가요?

> 민성: 뺄셈으로 비교하면 사과가 접시보다 3개 더 많습니다.
> 채운: 나눗셈으로 비교하면 접시 수는 사과 수의 2배입니다.

(   )

2 물고기 수와 어항 수를 잘못 비교한 사람은 누구인가요?

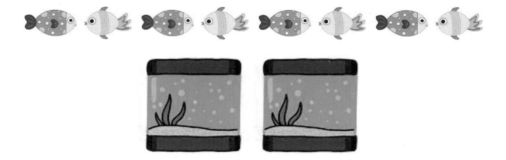

> 예린: 뺄셈으로 비교하면 물고기 수는 어항 수보다 6 더 적습니다.
> 동효: 나눗셈으로 비교하면 어항 수는 물고기 수의 $\frac{1}{4}$배입니다.

(   )

3 감자 6개와 고구마 18개가 있습니다. 감자 수와 고구마 수를 바르게 비교한 것에 ○표 하세요.

> • 고구마는 감자보다 12개 더 많습니다.　　　　（　　　　）
> • 감자 수는 고구마 수의 3배입니다.　　　　　（　　　　）

4 도넛 12개와 우유 8갑이 있습니다. 도넛 수와 우유 수를 바르게 비교한 것에 ○표 하세요.

> • 도넛 수는 우유 수보다 4 더 적습니다.　　　　（　　　　）
> • 도넛 수는 우유 수의 1.5배입니다.　　　　　（　　　　）

5 칫솔 20개와 치약 5개가 있습니다. 칫솔 수와 치약 수를 바르게 비교한 것에 ○표 하세요.

> • 치약은 칫솔보다 15개 더 적습니다.　　　　（　　　　）
> • 칫솔 수는 치약 수의 $\frac{1}{4}$배입니다.　　　　（　　　　）

두 수의 비교

🐟 **변하는 두 양의 관계에 대해 이야기하기**

[1~2] 윤호와 지수가 표를 보고 두 수를 비교했습니다. 맞는지 틀리는지 ○표 하고, 그렇게 생각한 이유를 써 보세요.

모둠 수	1	2	3	4
모둠원 수(명)	6	12	18	24
연필 수(자루)	10	20	30	40

1

윤호

> 모둠 수에 따라 연필 수는
> 모둠원 수보다 각각
> 4, 8, 12, 16 더 많아.

(맞습니다 , 틀립니다)

이유 _____

_____

2

지수

> 나눗셈으로 비교한 경우
> 모둠 수에 따른 모둠원 수와
> 연필 수의 관계가 변해.

(맞습니다 , 틀립니다)

이유 _____

_____

3 윤호와 지수가 표를 만들어 두 수를 비교했습니다. 표를 보고 두 수를 비교한 방법에 어떤 차이가 있는지 써 보세요.

윤호

> 올해 나는 13살, 누나는 16살이야. 나는 누나보다 항상 3살이 적어.

	올해	1년 후	2년 후	3년 후	4년 후
내 나이(살)	13	14	15	16	17
누나 나이(살)	16	17	18	19	20

> 색종이 13장으로 모양 1개를 꾸몄어. 색종이 수는 꾸민 모양 수의 13배야.

지수

꾸민 모양 수(개)	1	2	3	4	5
색종이 수(장)	13	26	39	52	65

(1) 윤호가 두 수를 비교한 방법:

_____

_____

(2) 지수가 두 수를 비교한 방법:

_____

_____

비 알아보기

이름		
날짜	월	일
시간	: ~ :	

비, 기준량, 비교하는 양의 뜻 알기

1 ☐ 안에 알맞게 **보기** 에서 찾아 써넣으세요.

> **보기**
>
> 비, 비교하는 양, 기준량

(1) 두 수 7과 4를 나눗셈으로 비교하기 위해 기호 : 을 사용하여 나타낸
   7 : 4를 [   ]라고 합니다.

(2) 비 7 : 4에서 7은 [   ]입니다.

(3) 비 7 : 4에서 4는 [   ]입니다.

> 두 수를 나눗셈으로 비교하기
> 위해 기호 : 을 사용하여 나타낸 것을
> 비라고 합니다. 두 수 3과 2를 비교할 때
> 3 : 2라 쓰고 3 대 2라고 읽습니다.
> 비 3 : 2에서 기호 :의 오른쪽에 있는
> 2는 기준량이고, 왼쪽에 있는
> 3은 비교하는 양입니다.

2 ☐ 안에 알맞게 써넣으세요.

> 두 수를 나눗셈으로 비교하기 위해 기호 [ ]을 사용합니다.
> 두 수 2와 6을 비교할 때 [   ]이라 쓰고 [   ]이라고 읽습
> 니다. 비 2 : 6에서 2는 [   ]이고, 6은 [   ]입니다.

영역별 반복집중학습 프로그램
규칙성편

3 비를 읽어 보세요.

(1) | 9 : 4 |

(   )

(2) | 3 : 10 |

(   )

4 비에서 비교하는 양과 기준량을 찾아 써 보세요.

비	비교하는 양	기준량
5 : 6		
12 : 9		

5 비교하는 양과 기준량을 보고 비를 써 보세요.

비교하는 양	기준량	비
2	7	
8	3	

비 알아보기

이름
날짜　　월　　일
시간　　:　~　:

🐟 비를 여러 가지 방법으로 읽기

[1~3] 비를 여러 가지 방법으로 읽어 보세요.

1

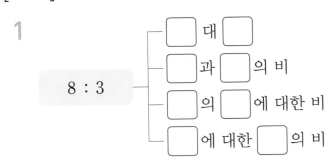

8 : 3

□ 대 □
□ 과 □ 의 비
□ 의 □ 에 대한 비
□ 에 대한 □ 의 비

> 3 : 2는 "3 대 2", "3과 2의 비", "3의 2에 대한 비", "2에 대한 3의 비" 라고 읽습니다.

2

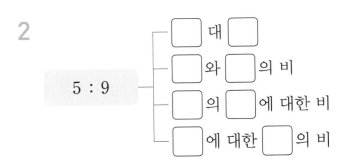

5 : 9

□ 대 □
□ 와 □ 의 비
□ 의 □ 에 대한 비
□ 에 대한 □ 의 비

3

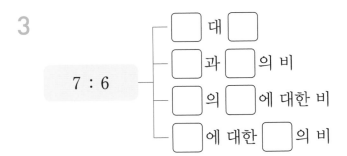

7 : 6

□ 대 □
□ 과 □ 의 비
□ 의 □ 에 대한 비
□ 에 대한 □ 의 비

4 관계있는 것끼리 선으로 이어 보세요.

| 2 대 9 | • |

| 9와 2의 비 | • |

| 9에 대한 2의 비 | • |

| 9의 2에 대한 비 | • |

• | 2 : 9 |

• | 9 : 2 |

5 ☐ 안에 알맞은 수를 써넣으세요.

(1) 4 대 6 ⇨ ☐ : ☐

(2) 5와 2의 비 ⇨ ☐ : ☐

(3) 3의 5에 대한 비 ⇨ ☐ : ☐

(4) 7에 대한 8의 비 ⇨ ☐ : ☐

(5) 25의 16에 대한 비 ⇨ ☐ : ☐

(6) 12에 대한 8의 비 ⇨ ☐ : ☐

비 알아보기

🐟 문제 상황에 맞게 비로 나타내기 ①

🐚 그림을 보고 ☐ 안에 알맞은 수를 써넣으세요.

1

(1) 축구공 수와 농구공 수의 비 ⇨ ☐ : ☐

(2) 농구공 수와 축구공 수의 비 ⇨ ☐ : ☐

(3) 축구공 수의 농구공 수에 대한 비 ⇨ ☐ : ☐

(4) 농구공 수의 축구공 수에 대한 비 ⇨ ☐ : ☐

2

(1) 티셔츠 수와 바지 수의 비 ⇨ ☐ : ☐

(2) 바지 수와 티셔츠 수의 비 ⇨ ☐ : ☐

(3) 티셔츠 수의 바지 수에 대한 비 ⇨ ☐ : ☐

(4) 바지 수의 티셔츠 수에 대한 비 ⇨ ☐ : ☐

3

(1) 물 양과 포도 원액 양의 비 ⇨ ☐ : ☐

(2) 포도 원액 양과 물 양의 비 ⇨ ☐ : ☐

(3) 물 양에 대한 포도 원액 양의 비 ⇨ ☐ : ☐

(4) 포도 원액 양에 대한 물 양의 비 ⇨ ☐ : ☐

4

(1) 원숭이 수와 바나나 수의 비 ⇨ ☐ : ☐

(2) 바나나 수와 원숭이 수의 비 ⇨ ☐ : ☐

(3) 원숭이 수에 대한 바나나 수의 비 ⇨ ☐ : ☐

(4) 바나나 수에 대한 원숭이 수의 비 ⇨ ☐ : ☐

영역별 반복집중학습 프로그램
규칙성편

비 알아보기

🐟 문제 상황에 맞게 비로 나타내기 ②

[1~3] ☐ 안에 알맞은 비에 ○표 하세요.

1 알뜰 시장에서 1000원짜리 물건을 사면 300원이 이웃 돕기에 기부됩니다. 기부 금액과 물건 가격의 비는 ☐입니다.

1000 : 300   300 : 1000

(   )   (   )

2 소미네 반 여학생은 12명, 남학생은 13명입니다. 소미네 반 남학생 수에 대한 여학생 수의 비는 ☐입니다.

12 : 13   13 : 12

(   )   (   )

3 학교 운동장에서 운동을 하고 있는 전체 학생은 40명이고, 여학생은 17명입니다. 전체 학생 수에 대한 남학생 수의 비는 ☐입니다.

40 : 23   23 : 40

(   )   (   )

4 지난달에 위인전을 세진이는 12권 읽고, 윤아는 세진이보다 4권 더 적게 읽었습니다. 세진이가 읽은 위인전 수와 윤아가 읽은 위인전 수의 비를 써 보세요.

(   )

5 학교 앞길을 청소하는 자원봉사자 50명 중 여자는 21명입니다. 남자 자원봉사자 수에 대한 여자 자원봉사자 수의 비를 써 보세요.

(   )

6 지수네 반 남학생은 11명, 여학생은 13명입니다. 지수네 반 전체 학생 수에 대한 여학생 수의 비를 써 보세요.

(   )

7 우진이네 반 학생은 25명입니다. 그중 14명은 오늘 아침 건강 달리기에 참여했고, 나머지는 참여하지 않았습니다. 우진이네 반 전체 학생 수에 대한 아침 건강 달리기에 참여하지 않은 학생 수의 비를 써 보세요.

(   )

비 알아보기

이름	
날짜	월 일
시간	: ~ :

🐟 전체에 대한 색칠한 부분의 비 구하기

🐚 전체에 대한 색칠한 부분의 비를 써 보세요.

1
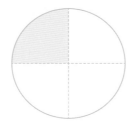
1 : 4

2
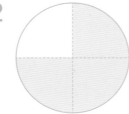
☐ : ☐

3
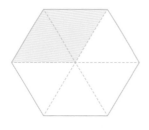
☐ : ☐

4

☐ : ☐

5
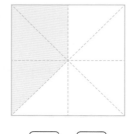
☐ : ☐

6
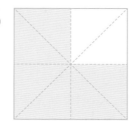
☐ : ☐

규칙성편

7
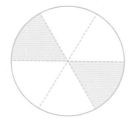

2 : 6

8

☐ : ☐

9
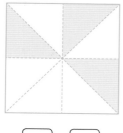

☐ : ☐

10
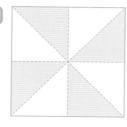

☐ : ☐

11
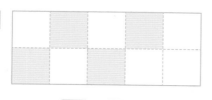

☐ : ☐

12
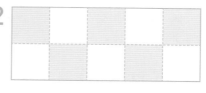

☐ : ☐

4과정 비와 비율

비 알아보기

이름	
날짜	월 일
시간	: ~ :

🐟 **주어진 비에 맞게 색칠하기**

🐚 전체에 대한 색칠한 부분의 비가 다음과 같도록 색칠해 보세요.

1   3 : 4

2   2 : 6

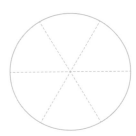

3   4 : 8

4　　3 : 6

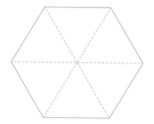

5　　5 : 9

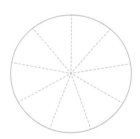

6　　7 : 10

비 알아보기

이름

날짜　　　　월　　　일

시간　　：　～　：

🐟 문제 상황을 비로 나타낸 것의 옳고 그름 이해

🐚 비에 대해 이야기한 것이 맞는지 틀리는지 ○표 하고, 그렇게 생각한 이유를 써 보세요.

1

8 : 5와 5 : 8은 같아요.

(맞습니다 , 틀립니다)

이유 _____

_____

2

사과가 모두 10개예요. 초록 사과는 3개, 나머지는 빨간 사과예요. 초록 사과 수와 빨간 사과 수의 비는 3 : 7이에요.

(맞습니다 , 틀립니다)

이유 _____

_____

3

우리 반의 전체 학생은
25명이고, 남학생은
11명이에요. 여학생
수와 남학생 수의 비는
14 : 11이에요.

(맞습니다 , 틀립니다)

이유 _____

_____

 4

우리 반의 안경을 쓴
학생은 10명이고, 안경을
쓰지 않은 학생은 20명
이에요. 전체 학생 수에
대한 안경을 쓴 학생
수의 비는 10 : 20이에요.

(맞습니다 , 틀립니다)

이유 _____

_____

비 알아보기

이름	
날짜	월 일
시간	: ~ :

🐟 거리의 비 구하기

1 직사각형에서 가로와 세로의 비를 써·보세요.

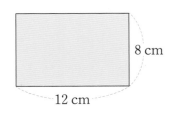

8 cm

12 cm

(   )

2 삼각형에서 밑변의 길이와 높이의 비를 써 보세요.

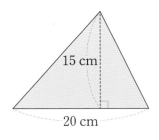

15 cm

20 cm

(   )

3 사다리꼴에서 윗변과 아랫변의 길이의 비를 써 보세요.

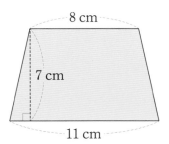

8 cm

7 cm

11 cm

(   )

4 학교에서부터 도서관까지 거리와 학교에서부터 도서관을 지나 공원까지
   거리의 비를 구해 보세요.

(   )

5 혜민이는 50 m 장애물 달리기를 하고 있습니다. 장애물은 출발점에서 35 m
   떨어진 거리에 있습니다. 출발점에서부터 장애물까지 거리와 장애물에서
   부터 도착점까지 거리의 비를 구해 보세요.

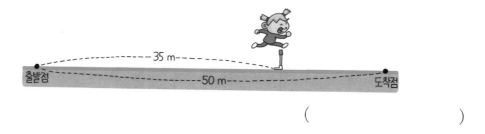

(   )

6 서준이는 100 m 장애물 경주를 하고 있습니다. 출발점에서부터 첫 번째
   장애물까지 거리와 첫 번째 장애물에서부터 도착점까지 거리의 비를 구해
   보세요.

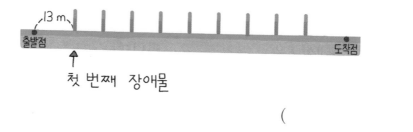

(   )

비율 알아보기

이름	
날짜	월 일
시간	: ~ :

🐟 비교하는 양, 기준량, 비율 알기

1 ☐ 안에 알맞은 말을 써넣으세요.

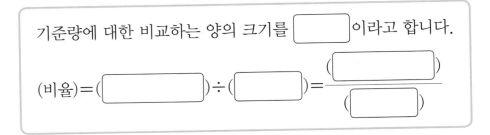

기준량에 대한 비교하는 양의 크기를 ☐이라고 합니다.

$$(비율) = (\boxed{}) \div (\boxed{}) = \dfrac{(\boxed{})}{(\boxed{})}$$

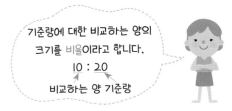

기준량에 대한 비교하는 양의
크기를 비율이라고 합니다.
10 : 20
비교하는 양 기준량

2 기준량에 대한 비교하는 양의 크기를 무엇이라고 하는지 ☐ 안에 알맞은
말을 써넣으세요.

$$\boxed{} = \dfrac{(비교하는 양)}{(기준량)}$$

3 ☐ 안에 알맞은 말이나 수를 써넣으세요.

(1) 비 3 : 6에서 ☐ 은 기준량입니다.

(2) 비 8 : 5에서 8은 ☐ 입니다.

4 비교하는 양에 ○표, 기준량에 △표 하세요.

(1)   6 : 8

   (   ) (   )

(2)   9와 20의 비

   (   ) (   )

(3)   7의 14에 대한 비

   (   ) (   )

(4)   10에 대한 11의 비

   (   ) (   )

5 빈칸에 알맞은 수를 써넣으세요.

비	비교하는 양	기준량
4 : 9		
6과 10의 비		
8의 12에 대한 비		
20에 대한 5의 비		

16a 비율 알아보기

이름	
날짜	월 일
시간	: ~ :

🐟 비율을 분수와 소수로 나타내기 ①

🐚 비를 보고 물음에 답하세요.

1   1 : 5

(1) 비율을 분수로 나타내세요. ⇨ $\dfrac{1}{5}$

(2) 비율을 소수로 나타내세요. ⇨ $\boxed{1}$ ÷ $\boxed{5}$ = $\boxed{0.2}$

2   4 : 10

(1) 비율을 분수로 나타내세요. ⇨ $\dfrac{\boxed{}}{\boxed{}}$

(2) 비율을 소수로 나타내세요. ⇨ $\boxed{}$ ÷ $\boxed{}$ = $\boxed{}$

3   15 : 6

(1) 비율을 분수로 나타내세요. ⇨ $\dfrac{\boxed{}}{\boxed{}}$

(2) 비율을 소수로 나타내세요. ⇨ $\boxed{}$ ÷ $\boxed{}$ = $\boxed{}$

기탄영역별수학 | 규칙성편

4   7과 20의 비

(1) 비율을 분수로 나타내세요. ⇨ $\dfrac{\boxed{}}{\boxed{}}$

(2) 비율을 소수로 나타내세요. ⇨ $\boxed{} \div \boxed{} = \boxed{}$

5   12의 5에 대한 비

(1) 비율을 분수로 나타내세요. ⇨ $\dfrac{\boxed{}}{\boxed{}}$

(2) 비율을 소수로 나타내세요. ⇨ $\boxed{} \div \boxed{} = \boxed{}$

6   24에 대한 18의 비

(1) 비율을 분수로 나타내세요. ⇨ $\dfrac{\boxed{}}{\boxed{}}$

(2) 비율을 소수로 나타내세요. ⇨ $\boxed{} \div \boxed{} = \boxed{}$

비율 알아보기

이름	
날짜	월 일
시간	: ~ :

비율을 분수와 소수로 나타내기 ②

비를 보고 분수와 소수로 각각 나타내세요.

1   4 : 5

　　　　분수 (　　　　　　　　　), 소수 (　　　　　　　)

2   7과 2의 비

　　　　분수 (　　　　　　　　　), 소수 (　　　　　　　)

3   2의 8에 대한 비

　　　　분수 (　　　　　　　　　), 소수 (　　　　　　　)

4   25에 대한 5의 비

　　　　분수 (　　　　　　　　　), 소수 (　　　　　　　)

5   6 : 4

　　　　분수 (　　　　　　　　　), 소수 (　　　　　　　)

영역별 반복집중학습 프로그램
규칙성편

6   3과 10의 비

분수 (   ), 소수 (   )

7   9의 2에 대한 비

분수 (   ), 소수 (   )

8   5에 대한 12의 비

분수 (   ), 소수 (   )

9   4 : 16

분수 (   ), 소수 (   )

10   14와 8의 비

분수 (   ), 소수 (   )

비율 알아보기

🐟 비율을 분수와 소수로 나타내기 ③

🐚 관계있는 것끼리 이어 보세요.

1

5 : 7 •

9와 2의 비 •

4의 11에 대한 비 •

8에 대한 3의 비 •

• $\dfrac{9}{2}$

• $\dfrac{5}{7}$

• $\dfrac{3}{8}$

• $\dfrac{4}{11}$

2

9 : 6 •

2와 5의 비 •

3의 4에 대한 비 •

20에 대한 5의 비 •

• 0.25

• 0.4

• 1.5

• 0.75

영역별 반복집중학습 프로그램
규칙성편

3

8 : 10	•	• $\dfrac{1}{4}$	•	• 0.35
16에 대한 4의 비	•	• $\dfrac{4}{25}$	•	• 0.8
4와 25의 비	•	• $\dfrac{7}{20}$	•	• 0.16
7의 20에 대한 비	•	• $\dfrac{4}{5}$	•	• 0.25

4

13과 20의 비	•	• $\dfrac{3}{5}$	•	• 0.75
2 : 50	•	• $\dfrac{1}{25}$	•	• 0.65
15에 대한 9의 비	•	• $\dfrac{13}{20}$	•	• 0.04
12의 16에 대한 비	•	• $\dfrac{3}{4}$	•	• 0.6

비율 알아보기

🐟 길이의 비율을 구하여 크기 비교하기

1   직사각형을 보고 물음에 답하세요.

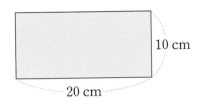

10 cm

20 cm

(1) 가로에 대한 세로의 비를 써 보세요.

(   )

(2) 가로에 대한 세로의 비율을 분수와 소수로 각각 나타내세요.

분수 (   ), 소수 (   )

2   삼각형을 보고 물음에 답하세요.

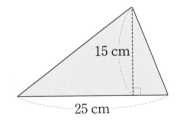

15 cm

25 cm

(1) 밑변의 길이에 대한 높이의 비를 써 보세요.

(   )

(2) 밑변의 길이에 대한 높이의 비율을 분수와 소수로 각각 나타내세요.

분수 (   ), 소수 (   )

영역별 반복집중학습 프로그램
규칙성편

3 직사각형 모양의 액자가 2개 있습니다. 물음에 답하세요.

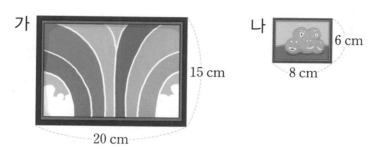

가 20 cm, 15 cm
나 8 cm, 6 cm

(1) 가로에 대한 세로의 비율을 각각 소수로 나타내세요.

가 (   ), 나 (   )

(2) 알맞은 말에 ○표 하세요.

> 두 액자의 가로에 대한 세로의 비율은 (같습니다 , 다릅니다).

4 두 직사각형의 가로에 대한 세로의 비율을 각각 구하고, 알게 된 점을 써 보세요.

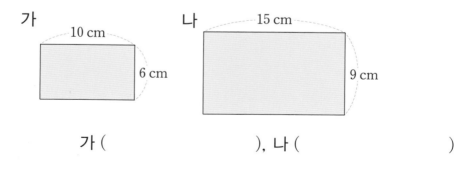

가 10 cm, 6 cm
나 15 cm, 9 cm

가 (   ), 나 (   )

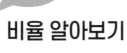

비율 알아보기

이름	
날짜	월 일
시간	:　~　:

🐟 **실생활에서 비율을 구하여 크기 비교하기**

🐚 동전 한 개를 10번 던져서 나온 면이 그림 면인지, 숫자 면인지 나타낸 것입니다. 물음에 답하세요.

회차	1회	2회	3회	4회	5회
나온 면	숫자	숫자	그림	그림	그림
회차	6회	7회	8회	9회	10회
나온 면	숫자	그림	그림	그림	그림

1 그림 면이 나온 횟수는 몇 번인가요?

(　　　　　　　　)번

2 동전을 던진 횟수에 대한 그림 면이 나온 횟수의 비를 써 보세요.

(　　　　　　　　)

3 동전을 던진 횟수에 대한 그림 면이 나온 횟수의 비율을 분수와 소수로 각각 나타내세요.

분수 (　　　　　　), 소수 (　　　　　　)

4 동전을 던진 횟수에 대한 숫자 면이 나온 횟수의 비율을 분수와 소수로 각각 나타내세요.

분수 (　　　　　　), 소수 (　　　　　　)

🐚 동전 한 개를 20번 던져서 나온 면이 그림 면인지, 숫자 면인지 나타낸 것입니다. 물음에 답하세요.

회차	1회	2회	3회	4회	5회
나온 면	그림	숫자	그림	그림	숫자
회차	6회	7회	8회	9회	10회
나온 면	숫자	그림	숫자	그림	숫자
회차	11회	12회	13회	14회	15회
나온 면	그림	숫자	그림	숫자	그림
회차	16회	17회	18회	19회	20회
나온 면	숫자	그림	그림	그림	숫자

5 숫자 면이 나온 횟수는 몇 번인가요?

(   )번

6 동전을 던진 횟수에 대한 숫자 면이 나온 횟수의 비를 써 보세요.

(   )

7 동전을 던진 횟수에 대한 숫자 면이 나온 횟수의 비율을 분수와 소수로 각각 나타내세요.

분수 (   ), 소수 (   )

비율이 사용되는 경우 알아보기

비율이 사용되는 경우 알기 ①

1 주연이는 50 m를 달리는 데 10초가 걸렸습니다. 물음에 답하세요.

(1) 주연이가 50 m를 달리는 데 걸린 시간에 대한 달린 거리의 비율을 구할 때 비교하는 양과 기준량은 각각 무엇인지 찾아 써 보세요.

> 달린 거리   걸린 시간

비교하는 양 (   )
기준량 (   )

(2) 주연이가 50 m를 달리는 데 걸린 시간에 대한 달린 거리의 비율을 구해 보세요.

(   )

2 서진이는 100 m를 달리는 데 25초가 걸렸습니다. 서진이가 100 m를 달리는 데 걸린 시간에 대한 달린 거리의 비율을 구해 보세요.

(   )

3 빨간 버스는 160 km를 가는 데 2시간이 걸렸고, 초록 버스는 210 km를 가는 데 3시간이 걸렸습니다. 물음에 답하세요.

　(1) 두 버스의 걸린 시간에 대한 간 거리의 비율을 각각 구해 보세요.

빨간 버스 (　　　　　　　　　)
초록 버스 (　　　　　　　　　)

　(2) 어느 버스가 더 빠른가요?

(　　　　　　　　) 버스

4 A 자동차는 30 km를 가는 데 24분이 걸렸고, B 자동차는 56 km를 가는 데 40분이 걸렸습니다. 어느 자동차가 더 빠른가요?

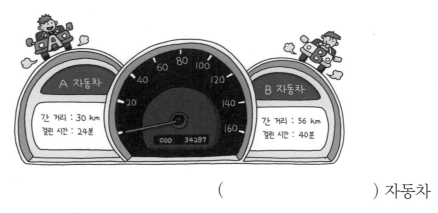

(　　　　　　　　) 자동차

5 A 기차는 2시간에 240 km를 달리고, B 기차는 1분에 3 km를 달립니다. 어느 기차가 더 빠른가요?

(　　　　　　　　) 기차

비율이 사용되는 경우 알아보기

비율이 사용되는 경우 알기 ②

1 흰색 페인트 250 mL에 검은색 페인트 25 mL를 섞어 회색 페인트를 만들었습니다. 물음에 답하세요.

(1) 만든 회색 페인트에서 흰색 페인트 양에 대한 검은색 페인트 양의 비율을 구할 때 비교하는 양과 기준량은 각각 무엇인지 찾아 써 보세요.

> 흰색 페인트 양   검은색 페인트 양

비교하는 양 (   )

기준량 (   )

(2) 만든 회색 페인트에서 흰색 페인트 양에 대한 검은색 페인트 양의 비율을 구해 보세요.

(   )

2 흰색 물감과 검은색 물감을 섞어 회색 물감을 만들었습니다. 흰색 물감 400 mL에 검은색 물감 160 mL를 섞었을 때, 흰색 물감 양에 대한 검은색 물감 양의 비율을 구해 보세요.

(   )

3 시윤이와 하은이는 물에 포도 원액을 넣어 포도주스를 만들고 있습니다.
물음에 답하세요.

물에 포도 원액
70 mL를 넣어서
포도주스 250 mL
를 만들었어.

시윤

물 140 mL에
포도 원액 60 mL
를 넣어서 포도주스
를 만들었어.

하은

(1) 시윤이와 하은이가 만든 포도주스 양에 대한 포도 원액 양의 비율을 각
각 구해 보세요.

시윤 (   )
하은 (   )

(2) 누가 만든 포도주스가 더 진한가요?

(   )

4 다음과 같이 소금물을 만들었습니다. 어느 비커에 담긴 소금물이 더 진한
가요?

A 비커: 소금 45 g을 녹여 소금물 180 g을 만들었습니다.
B 비커: 소금 120 g을 녹여 소금물 600 g을 만들었습니다.

(   ) 비커

비율이 사용되는 경우 알아보기

이름	
날짜	월 일
시간	: ~ :

비율이 사용되는 경우 알기 ③

1 성주와 은지는 농구공 던져 넣기를 했습니다. 물음에 답하세요.

나는 공을 20번 던져서 15번 넣었어.

나는 공을 25번 던져서 19번 넣었어.

성주   은지

(1) 성주와 은지가 농구공을 던진 횟수에 대한 넣은 횟수의 비율을 각각 구해 보세요.

성주 (   )

은지 (   )

(2) 누구의 골 성공률이 더 높은가요?

(   )

2 농구 골대에 지훈이는 공을 30번 던져서 21번 넣었고, 혜민이는 공을 24번 던져서 18번 넣었습니다. 물음에 답하세요.

(1) 농구 골대에 공을 더 많이 넣은 사람은 누구인가요?

(   )

(2) 누구의 골 성공률이 더 높은가요?

(   )

3 시윤이와 하은이는 축구 연습을 했습니다. 시윤이와 하은이의 골 성공률은
누가 더 높은지 구해 보세요.

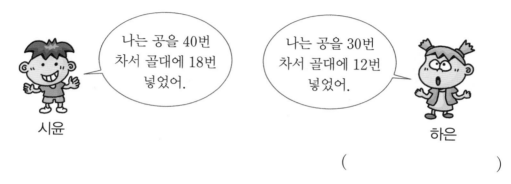

나는 공을 40번
차서 골대에 18번
넣었어.

나는 공을 30번
차서 골대에 12번
넣었어.

시윤

하은

(   )

4 민영, 재희, 선미가 투호 놀이 연습을 하고 있습니다. 세 명의 대화를 읽고
성공률이 가장 높은 사람은 누구인지 구해 보세요.

민영: 나는 25개의 화살을 던져서 12개 넣었어.
재희: 나는 20개의 화살을 던져서 11개를 성공시켰어.
선미: 나는 30개의 화살을 던져서 18개 넣었어.

(   )

5 정훈이와 도영이는 야구를 하고 있습니다. 정훈이는 25타수 중에서 안타를
8개 쳤고, 도영이는 40타수 중에서 안타를 12개 쳤습니다. 전체 타수에 대
한 안타 수의 비율은 누가 더 높은가요?

(   )

비율이 사용되는 경우 알아보기

이름		
날짜	월	일
시간	: ~ :	

비율이 사용되는 경우 알기 ④

1 희망 마을과 소망 마을의 인구와 넓이를 조사하여 나타낸 표입니다. 물음
에 답하세요.

마을	희망 마을	소망 마을
인구(명)	6400	4500
넓이(km²)	4	3

(1) 희망 마을과 소망 마을의 넓이에 대한 인구의 비율을 각각 구해 보세요.

희망 마을 (   )

소망 마을 (   )

(2) 희망 마을과 소망 마을 중 인구가 더 밀집한 곳은 어디인가요?

(   ) 마을

2 두 마을의 넓이에 대한 인구의 비율을 각각 구하고, 두 마을 중 인구가 더
밀집한 곳은 어디인지 알아보세요.

마을	소정이네 마을	세호네 마을
인구(명)	31940	14250
넓이(km²)	5	2
넓이에 대한 인구의 비율		

(   ) 마을

3 A 도시와 B 도시의 인구와 넓이를 조사하여 나타낸 표입니다. 물음에 답하세요.

도시	A 도시	B 도시
인구(명)	3300000	4860000
넓이(km²)	200	300

(1) A 도시와 B 도시의 넓이에 대한 인구의 비율을 각각 구해 보세요.

A 도시 (   )

B 도시 (   )

(2) A 도시와 B 도시 중 인구가 더 밀집한 곳은 어디인가요?

(   ) 도시

4 두 지역의 넓이에 대한 인구의 비율을 각각 구하고, 두 지역 중 인구가 더 밀집한 곳은 어디인지 알아보세요.

지역	충청북도	충청남도
인구(명)	1554000	2132000
넓이(km²)	7400	8200
넓이에 대한 인구의 비율		

(   )

비율이 사용되는 경우 알아보기

이름	
날짜	월 일
시간	: ~ :

비율이 사용되는 경우 알기 ⑤

1 축척은 실제 거리에 대한 지도에서의 거리의 비율입니다. 지도 위의 거리
가 1 cm일 때 실제 거리가 500 m인 지도가 있습니다. 이 지도의 축척을
분수로 나타내세요.

(   )

길이의 단위를 같게 고치고
실제 거리에 대한 지도에서의
거리의 비율을 분수로 나타냅니다.

2 유준이는 사회 시간에 마을 지도를 그렸습니다. 유준이네 집에서부터 학교
까지 실제 거리는 600 m인데 지도에는 3 cm로 그렸습니다. 유준이네 집
에서부터 학교까지 실제 거리에 대한 지도에서 거리의 비율을 분수로 나타
내세요.

(   )

3 수현이는 사회 시간에 마을 지도를 그렸습니다. 수현이네 집에서부터 도서
관까지 실제 거리는 2 km인데 지도에는 5 cm로 그렸습니다. 수현이네 집
에서부터 도서관까지 실제 거리에 대한 지도에서 거리의 비율을 분수로 나
타내세요.

(   )

4 같은 시각에 은솔이와 동생의 그림자 길이를 재었습니다. 은솔이와 동생의
   키에 대한 그림자 길이의 비율을 각각 구해 보세요.

	은솔	동생
키	150 cm	125 cm
그림자 길이	90 cm	75 cm

은솔 (   )

동생 (   )

5 같은 시각에 두 막대의 그림자 길이를 재었습니다. 막대의 길이에 대한 그
   림자 길이의 비율을 각각 구하고, 알게 된 점을 써 보세요.

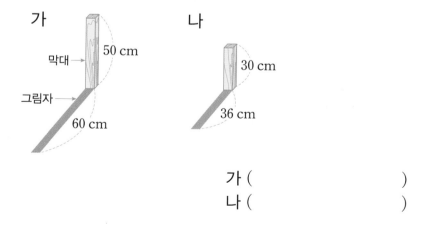

가 (   )

나 (   )

백분율 알아보기

백분율 알고 쓰고 읽기

1 ☐ 안에 알맞게 보기 에서 찾아 써넣으세요.

보기

100,   %,   85,   퍼센트

(1) 기준량을 [   ]으로 할 때의 비율을 백분율이라고 합니다.

(2) 백분율은 기호 [   ]를 사용하여 나타냅니다.

(3) 비율 $\frac{85}{100}$ 를 [   ] %라고 씁니다.

(4) 85 %는 85 [   ]라고 읽습니다.

기준량을 100으로 할 때의 비율을 백분율이라고 합니다. 백분율은 기호 %를 사용하여 나타냅니다. 비율 $\frac{75}{100}$ 를 75 %라 쓰고 75 퍼센트라고 읽습니다.

2 ☐ 안에 알맞게 써넣으세요.

기준량을 [   ]으로 할 때의 비율을 백분율이라고 합니다. 백분율은 기호 ☐를 사용하여 나타냅니다.

영역별 반복집중학습 프로그램
규칙성편

비율을 기호 %를 사용하여 백분율로 나타내고 읽어 보세요.

3 $\dfrac{5}{100}$

쓰기 (5 %   )
읽기 (5 퍼센트   )

4 $\dfrac{37}{100}$

쓰기 (   )
읽기 (   )

5 $\dfrac{18}{100}$

쓰기 (   )
읽기 (   )

6 $\dfrac{63}{100}$

쓰기 (   )
읽기 (   )

7 $\dfrac{94}{100}$

쓰기 (   )
읽기 (   )

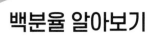

백분율 알아보기

이름		
날짜	월	일
시간	: ~	:

🐟 기준량을 100으로 만들어 백분율로 나타내기

1 비율 $\dfrac{39}{50}$ 를 백분율로 나타내려고 합니다. 물음에 답하세요.

(1) 비율을 분모가 100인 분수로 나타내세요.

$$\frac{39}{50} = \frac{39 \times \boxed{}}{50 \times 2} = \frac{\boxed{}}{\boxed{}}$$

(2) 비율을 백분율로 나타내면 몇 %인가요?

(   ) %

2 비율 $\dfrac{13}{20}$ 을 백분율로 나타내려고 합니다. 물음에 답하세요.

(1) 비율을 분모가 100인 분수로 나타내세요.

$$\frac{13}{20} = \frac{13 \times \boxed{}}{20 \times 5} = \frac{\boxed{}}{\boxed{}}$$

(2) 비율을 백분율로 나타내면 몇 %인가요?

(   ) %

3 비율 $\dfrac{16}{25}$ 을 백분율로 나타내려고 합니다. 물음에 답하세요.

(1) 비율을 분모가 100인 분수로 나타내세요.

$$\frac{16}{25} = \frac{16 \times \boxed{}}{25 \times 4} = \frac{\boxed{}}{\boxed{}}$$

(2) 비율을 백분율로 나타내면 몇 %인가요?

(   ) %

비율을 분모가 100인 분수로 나타내어 백분율로 나타내세요.

4 $\dfrac{7}{10}$ ⇨ $\dfrac{7}{10} = \dfrac{7 \times \boxed{}}{10 \times \boxed{}} = \dfrac{\boxed{}}{\boxed{}} = \boxed{}$ %

5 $\dfrac{6}{20}$ ⇨ $\dfrac{6}{20} = \dfrac{6 \times \boxed{}}{20 \times \boxed{}} = \dfrac{\boxed{}}{\boxed{}} = \boxed{}$ %

6 $\dfrac{9}{25}$ ⇨ $\dfrac{9}{25} = \dfrac{9 \times \boxed{}}{25 \times \boxed{}} = \dfrac{\boxed{}}{\boxed{}} = \boxed{}$ %

7 $\dfrac{11}{50}$ ⇨ $\dfrac{11}{50} = \dfrac{11 \times \boxed{}}{50 \times \boxed{}} = \dfrac{\boxed{}}{\boxed{}} = \boxed{}$ %

8 $\dfrac{4}{5}$ ⇨ $\dfrac{4}{5} = \dfrac{4 \times \boxed{}}{5 \times \boxed{}} = \dfrac{\boxed{}}{\boxed{}} = \boxed{}$ %

9 $\dfrac{3}{4}$ ⇨ $\dfrac{3}{4} = \dfrac{3 \times \boxed{}}{4 \times \boxed{}} = \dfrac{\boxed{}}{\boxed{}} = \boxed{}$ %

백분율 알아보기

🐟 비율에 100을 곱하여 백분율로 나타내기 ①

🐚 비율을 백분율로 나타내세요.

1 $\dfrac{1}{2}$ ⇨ $\dfrac{1}{2} \times 100 =$ ⬚50 (%)

2 $\dfrac{3}{5}$ ⇨ $\dfrac{3}{5} \times 100 =$ ⬚ (%)

3 $\dfrac{9}{10}$ ⇨ $\dfrac{9}{10} \times 100 =$ ⬚ (%)

4 $\dfrac{11}{20}$ ⇨ $\dfrac{11}{20} \times$ ⬚ $=$ ⬚ (%)

5 $\dfrac{8}{25}$ ⇨ $\dfrac{8}{25} \times$ ⬚ $=$ ⬚ (%)

6 $\dfrac{6}{5}$ ⇨ $\dfrac{6}{5} \times$ ⬚ $=$ ⬚ (%)

7 $\dfrac{3}{4}$ ⇨ (   ) %

8 $\dfrac{2}{5}$ ⇨ (   ) %

9 $\dfrac{19}{20}$ ⇨ (   ) %

10 $\dfrac{21}{25}$ ⇨ (   ) %

11 $\dfrac{17}{50}$ ⇨ (   ) %

12 $\dfrac{5}{4}$ ⇨ (   ) %

백분율 알아보기

🐟 비율에 100을 곱하여 백분율로 나타내기 ②

🐚 비율을 백분율로 나타내세요.

1　0.54　⇨ $0.54 \times 100 = \boxed{54}$ (%)

주어진 소수를 백분율로
나타낼 때에는 소수점을
오른쪽으로 두 자리 옮긴 후 %를
붙입니다.

2　0.07　⇨ $0.07 \times 100 = \boxed{}$ (%)

3　0.82　⇨ $0.82 \times 100 = \boxed{}$ (%)

4　0.63　⇨ $0.63 \times \boxed{} = \boxed{}$ (%)

5　0.4　⇨ $0.4 \times \boxed{} = \boxed{}$ (%)

6　0.76　⇨ $0.76 \times \boxed{} = \boxed{}$ (%)

7　1.15　⇨ $1.15 \times \boxed{} = \boxed{}$ (%)

8 0.28 ⇨ (   ) %

9 0.09 ⇨ (   ) %

10 0.72 ⇨ (   ) %

11 0.94 ⇨ (   ) %

12 0.41 ⇨ (   ) %

13 0.8 ⇨ (   ) %

14 1.36 ⇨ (   ) %

30a

백분율 알아보기

이름		
날짜	월	일
시간	: ~ :	

🐟 **백분율을 분수와 소수로 나타내기 ①**

🐚 백분율을 분수와 소수로 각각 나타내려고 합니다. ☐ 안에 알맞은 수를 써넣으세요.

백분율에서 % 기호를 빼고 100으로 나눕니다.

1 47 % ⇨ 47÷100 ⟨ $\dfrac{\boxed{}}{100}$ $\boxed{}$

2 83 % ⇨ 83÷100 ⟨ $\dfrac{\boxed{}}{100}$ $\boxed{}$

3 50 % ⇨ 50÷100 ⟨ $\dfrac{\boxed{}}{100} = \dfrac{1}{\boxed{}}$ $\boxed{}$

4 28 % ⇨ 28÷100 ⟨ $\dfrac{\boxed{}}{100} = \dfrac{7}{\boxed{}}$ $\boxed{}$

5 40 % ⇨ 40÷100 ⟨ $\dfrac{\boxed{}}{100} = \dfrac{2}{\boxed{}}$ $\boxed{}$

영역별 반복집중학습 프로그램
규칙성편

6 6 % ⇨ 6÷100
$$\frac{\boxed{}}{100}=\frac{3}{\boxed{}}$$
$$\boxed{}$$

7 25 % ⇨ 25÷100
$$\frac{\boxed{}}{100}=\frac{1}{\boxed{}}$$
$$\boxed{}$$

8 70 % ⇨ 70÷100
$$\frac{\boxed{}}{100}=\frac{7}{\boxed{}}$$
$$\boxed{}$$

9 120 % ⇨ 120÷100
$$\frac{\boxed{}}{100}=\frac{6}{\boxed{}}$$
$$\boxed{}$$

10 125 % ⇨ 125÷100
$$\frac{\boxed{}}{100}=\frac{5}{\boxed{}}$$
$$\boxed{}$$

4과정 비와 비율

백분율 알아보기

● 백분율을 분수와 소수로 나타내기 ②

🐚 백분율을 분수와 소수로 각각 나타내세요.

1 12 %   분수 (   ), 소수 (   )

2 65 %   분수 (   ), 소수 (   )

3 91 %   분수 (   ), 소수 (   )

4 30 %   분수 (   ), 소수 (   )

5 80 %   분수 (   ), 소수 (   )

6 75 %   분수 (   ), 소수 (   )

영역별 반복집중학습 프로그램
규칙성편

7   4 %   분수 (   ), 소수 (   )

8   60 %   분수 (   ), 소수 (   )

9   36 %   분수 (   ), 소수 (   )

10 45 %   분수 (   ), 소수 (   )

11 108 %   분수 (   ), 소수 (   )

12 150 %   분수 (   ), 소수 (   )

백분율 알아보기

🐟 색칠한 부분을 백분율로 나타내고, 주어진 백분율만큼 색칠하기

🐚 그림을 보고 전체에 대한 색칠한 부분의 비율을 백분율로 나타내세요.

1

[   ] %

2

[   ] %

3

[   ] %

4

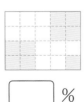

[   ] %

5

[   ] %

6

[   ] %

주어진 백분율만큼 그림에 색칠해 보세요.

7

8

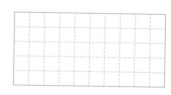

19 %

28 %

9

10

20 %

40 %

11

12

55 %

70 %

영역별 반복집중학습 프로그램
규칙성편

백분율 알아보기

이름	
날짜	월 일
시간	: ~ :

🐟 분수, 소수, 백분율 사이의 관계 알기

🐚 빈칸에 알맞은 수를 써넣으세요.

1

분수	소수	백분율(%)
$\frac{37}{100}$	0.37	
	0.05	5
$\frac{3}{5}$		

2

분수	소수	백분율(%)
	0.49	49
$\frac{1}{4}$		25
	0.4	

3

분수	소수	백분율(%)
$\frac{4}{25}$		
	0.75	
		45

🐚 비율이 같은 것끼리 이어 보세요.

4

| 20 % | • | • | $\dfrac{7}{100}$ | • | • | 0.64 |

| 35 % | • | • | $\dfrac{1}{5}$ | • | • | 0.07 |

| 7 % | • | • | $\dfrac{16}{25}$ | • | • | 0.2 |

| 64 % | • | • | $\dfrac{7}{20}$ | • | • | 0.35 |

5

| 90 % | • | • | $\dfrac{1}{2}$ | • | • | 0.5 |

| 16 % | • | • | $\dfrac{4}{25}$ | • | • | 0.16 |

| 50 % | • | • | $\dfrac{1}{4}$ | • | • | 0.9 |

| 25 % | • | • | $\dfrac{9}{10}$ | • | • | 0.25 |

백분율 알아보기

🐟 비율의 크기 비교

[1~12] 비율의 크기를 비교하여 ○ 안에 >, =, <를 알맞게 써넣으세요.

1 $\dfrac{1}{4}$ ◯ 20 %

2 $\dfrac{13}{20}$ ◯ 65 %

3 $\dfrac{6}{25}$ ◯ 18 %

4 $\dfrac{7}{10}$ ◯ 71 %

5 $\dfrac{3}{4}$ ◯ 80 %

6 $\dfrac{31}{50}$ ◯ 58 %

7 0.02 ◯ 20 %

8 0.46 ◯ 40 %

9 0.91 ◯ 91 %

10 0.3 ◯ 33 %

11 1.6 ◯ 106 %

12 1.5 ◯ 150 %

13 비율이 가장 큰 것을 찾아 써 보세요.

$$0.45 \qquad \frac{3}{12} \qquad 37\ \%$$

(   )

14 비율이 가장 작은 것을 찾아 써 보세요.

$$0.58 \qquad \frac{8}{20} \qquad 28\ \%$$

(   )

15 비율이 큰 것부터 차례로 기호를 써 보세요.

$$\text{㉠}\ 0.63 \qquad \text{㉡}\ \frac{21}{30} \qquad \text{㉢}\ 74\ \% \qquad \text{㉣}\ \frac{3}{4}$$

(   )

16 비율이 작은 것부터 차례로 기호를 써 보세요.

$$\text{㉠}\ 0.39 \qquad \text{㉡}\ \frac{14}{40} \qquad \text{㉢}\ 30\ \% \qquad \text{㉣}\ \frac{2}{5}$$

(   )

35a

백분율 알아보기

이름	
날짜	월 일
시간	: ~ :

🐟 백분율의 옳고 그름 이해

1 백분율에 대해 맞게 이야기한 사람은 누구인가요?

백분율은 기준량을 100으로 할 때의 비율이야.

윤호

분수인 비율은 백분율로 나타낼 수 있지만 소수인 비율은 백분율로 나타낼 수 없어.

지수

(   )

2 백분율에 대해 잘못 이야기한 사람은 누구인가요?

소수인 비율을 백분율로 나타낼 때에는 소수점을 오른쪽으로 두 자리 옮기고 %를 붙이면 돼.

태주

분모가 2, 4, 5, 10, 20, 25, 50인 분수는 분모가 100인 분수로 고쳐서 백분율로 나타낼 수 있어.

라희

백분율을 분수로 나타낼 때에는 분모를 100으로만 나타내고, 크기가 같은 분수로는 나타내면 안돼.

시윤

(   )

기탄영역별수학 | 규칙성편

영역별 반복집중학습 프로그램
규칙성편

백분율에 대해 이야기 한 것이 맞는지 틀리는지 ○표 하고, 그렇게 생각한 이유를 써 보세요.

3

비율 $\dfrac{9}{20}$ 를 백분율로 나타내려면 $\dfrac{9}{20}$ 에 100을 곱해서 나온 45에 %를 붙이면 돼요.

(맞습니다 , 틀립니다)

이유 _____

_____

4

비율 $\dfrac{1}{5}$ 을 소수로 나타내면 0.2이고, 이것을 백분율로 나타내면 2 %예요.

(맞습니다 , 틀립니다)

이유 _____

_____

36a

백분율이 사용되는 경우 알아보기

이름

날짜   월   일

시간   :   ~   :

🐟 백분율이 사용되는 경우 알기 ①

1 놀이공원으로 소풍을 가는 것에 찬성하는 학생 수를 조사했습니다. 찬성률을 백분율로 나타내세요.

반 전체 학생 수(명)	찬성하는 학생 수(명)
30	21

( ) %

2 박물관으로 현장 체험 학습을 가는 것에 반대하는 학생 수를 조사했습니다. 반대율을 백분율로 나타내세요.

반 전체 학생 수(명)	반대하는 학생 수(명)
25	4

( ) %

3 수학여행을 갈 때 기차를 타는 것에 찬성하는 학생 수를 조사했습니다. 각 반의 찬성률을 백분율로 나타내어 보고, 찬성률이 가장 높은 반은 몇 반인지 알아보세요.

	반 전체 학생 수(명)	찬성하는 학생 수(명)	찬성률(%)
1반	26	13	
2반	20	11	
3반	25	16	

( )반

4 전교 학생 회장 선거에서 300명이 투표에 참여했습니다. 물음에 답하세요.

후보	가	나	무효표
득표수(표)	126	165	9

(1) 가 후보와 나 후보의 득표율을 각각 구해 보세요.

가 후보: $\dfrac{126}{300} \times 100 = \boxed{}$ (%), 나 후보: $\dfrac{165}{300} \times 100 = \boxed{}$ (%)

(2) 무효표는 몇 %인가요?

$100 - \boxed{} - \boxed{} = \boxed{}$ (%)

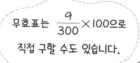

무효표는 $\dfrac{9}{300} \times 100$으로 직접 구할 수도 있습니다.

5 전교 학생 회장 선거에서 400명이 투표에 참여했습니다. 전교 학생 회장 후보인 슬기는 188표를 얻었습니다. 슬기의 득표율은 몇 %인가요?

(   ) %

6 마을의 입주자 대표를 뽑는 선거의 투표 결과입니다. 당선자는 누구이고, 당선자의 득표율은 몇 %인지 구해 보세요.

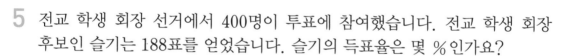

후보	가	나	다	무효표
득표수(표)	145	270	80	5

(   ) 후보, (   ) %

백분율이 사용되는 경우 알아보기

이름		
날짜	월	일
시간	: ~	:

백분율이 사용되는 경우 알기 ②

1 소금물 500 g에 소금이 80 g 녹아 있습니다. 소금물 양에 대한 소금 양의 비율은 몇 %인가요?

(   ) %

> (소금물의 진하기)= $\dfrac{(\text{소금 양})}{(\text{소금물 양})}$
>
> (소금물 양)=(물 양)+(소금 양)

2 물 120 g에 설탕 30 g을 섞어서 설탕물을 만들었습니다. 설탕물 양에 대한 설탕 양의 비율은 몇 %인지 알아보려고 합니다. 물음에 답하세요.

(1) 설탕물의 양은 몇 g인가요?

(   ) g

(2) 설탕의 양은 몇 g인가요?

(   ) g

(3) 설탕물 양에 대한 설탕 양의 비율은 몇 %인가요?

(   ) %

3 물 150 g에 소금 50 g을 섞어서 소금물을 만들었습니다. 소금물 양에 대한 소금 양의 비율은 몇 %인가요?

(   ) %

4 다음과 같이 소금물을 만들었습니다. 물음에 답하세요.

> A 비커: 소금 45 g을 녹여 소금물 180 g을 만들었습니다.
> B 비커: 소금 120 g을 녹여 소금물 600 g을 만들었습니다.

(1) A 비커의 소금물 양에 대한 소금 양의 비율은 몇 %인가요?

$$A \ 비커: \frac{45}{180} \times 100 = \boxed{} \ (\%)$$

(2) B 비커의 소금물 양에 대한 소금 양의 비율은 몇 %인가요?

$$B \ 비커: \frac{120}{600} \times 100 = \boxed{} \ (\%)$$

(3) 어느 비커에 담긴 소금물이 더 진한가요?

(   ) 비커

5 과학 시간에 윤우는 소금 51 g을 녹여 소금물 300 g을 만들었고, 시현이는 소금 76 g을 녹여 소금물 400 g을 만들었습니다. 물음에 답하세요.

(1) 윤우와 시현이가 만든 소금물에서 소금물 양에 대한 소금 양의 비율은 각각 몇 %인가요?

윤우 (   ) %
시현 (   ) %

(2) 누가 만든 소금물이 더 진한가요?

(   )

38a

백분율이 사용되는 경우 알아보기

백분율이 사용되는 경우 알기 ③

1 편의점에서 한 달 동안 음료수를 할인해서 팔기로 하였습니다. 물음에 답하세요.

원래 가격	할인된 판매 가격
2000원	1500원

(1) 음료수의 할인 금액을 구해 보세요.

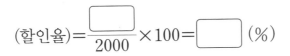

(할인 금액)=(원래 가격)−(할인된 판매 가격)

$$= \boxed{} - \boxed{} = \boxed{} \text{(원)}$$

(2) 음료수의 할인율을 구해 보세요.

$$(\text{할인율}) = \frac{\boxed{}}{2000} \times 100 = \boxed{} \text{(\%)}$$

할인율은 원래 가격에 대한 할인 금액의 비율을 말합니다.

2 옷 가게에서 작년 옷을 할인해서 팔고 있습니다. 물음에 답하세요.

원래 가격	할인된 판매 가격
25000원	10000원

(1) 옷의 할인 금액을 구해 보세요.

(   )원

(2) 옷의 할인율을 구해 보세요.

(   ) %

3 어느 과일 가게에서 남은 사과를 원래 가격인 6000원에서 4800원으로 할 인하여 판매하려고 합니다. 물음에 답하세요.

(1) 사과의 할인 금액은 얼마인가요?

(   )원

(2) 사과를 몇 % 할인하여 판매하는 것인가요?

(   ) %

4 다빈이가 박물관에 갔습니다. 어른 입장료는 10000원인데 초등학생 입장 료는 7000원입니다. 초등학생 입장료는 어른 입장료를 몇 % 할인받은 것 인가요?

(   ) %

5 23000원짜리 케이크를 사려고 합니다. 다음과 같은 할인권을 사용한다면 내야 하는 금액은 얼마인가요?

케이크 구매시
10 % 할인권

(   )원

39a

백분율이 사용되는 경우 알아보기

이름	
날짜	월 일
시간	: ~ :

🐟 백분율이 사용되는 경우 알기 ④

1 어느 지역의 초등학생 버스 요금이 다음과 같을 때 어떤 버스의 교통카드 할인율이 더 높은지 알아보세요.

버스	가 버스	나 버스
현금 사용	700원	800원
교통카드 사용	630원	680원

(1) 가 버스와 나 버스의 교통카드 할인율을 각각 구해 보세요.

　가 버스 (　　　　　　　　　) %, 나 버스 (　　　　　　　　　) %

(2) 교통카드 할인율이 더 높은 버스는 무엇인가요?

(　　　　　　　　　) 버스

2 지윤이는 할인율이 더 높은 인형을 사려고 합니다. 물음에 답하세요.

가

원래 가격 : 3000원
할인 후 가격 : 2400원

나

원래 가격 : 4000원
할인 후 가격 : 3000원

(1) 가 인형과 나 인형의 할인율을 각각 구해 보세요.

　가 인형 (　　　　　　　　　) %, 나 인형 (　　　　　　　　　) %

(2) 지윤이는 가 인형과 나 인형 중에서 어느 인형을 사면 되나요?

(　　　　　　　　　) 인형

3 어느 서점에서 원래 가격이 7000원짜리인 책을 사는 데 2100원을 할인받았습니다. 이 서점에서 이와 같은 할인율로 12000원짜리 책을 산다면 얼마를 할인받을 수 있는지 알아보세요.

(1) 할인율은 몇 %인가요?

(   ) %

(2) 12000원짜리 책을 산다면 얼마를 할인받을 수 있나요?

(   )원

4 어느 가게에서 원래 가격이 15000원짜리인 접시는 10500원에 판매하고, 원래 가격이 8000원짜리인 컵은 6000원에 판매하고 있습니다. 접시와 컵 중 할인율이 더 높은 것은 어느 것인가요?

(   )

5 어느 문구점에서 파는 물건의 원래 가격과 할인 후 가격을 나타낸 표입니다. 축구공, 연필깎이, 색연필 중에서 할인율이 가장 높은 물건은 무엇인가요?

물건	원래 가격	할인 후 가격
축구공	25000원	21000원
연필깎이	18000원	14400원
색연필	10000원	7500원

(   )

백분율이 사용되는 경우 알아보기

🐟 백분율이 사용되는 경우 알기 ⑤

1 시윤이와 하은이는 농구공 던져 넣기를 했습니다. 시윤이와 하은이의 골 성공률은 각각 몇 %인지 구하고, 누구의 골 성공률이 더 높은지 알아보세요.

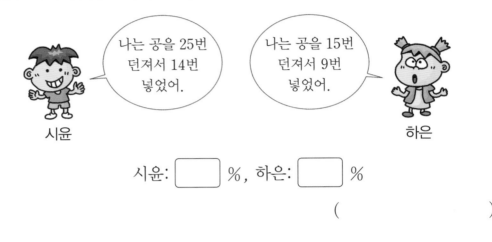

나는 공을 25번 던져서 14번 넣었어.

나는 공을 15번 던져서 9번 넣었어.

시윤

하은

시윤: ☐ %, 하은: ☐ %

( )

2 공장에서 볼펜 800개를 만들면 불량품 16개가 나온다고 합니다. 전체 볼펜 수에 대한 불량품 수의 비율을 백분율로 나타내세요.

( ) %

3 안심 은행과 튼튼 은행에 저금한 돈과 이자를 나타낸 표입니다. 어느 은행에 저금하는 것이 이자율이 더 높은가요?

은행	저금한 돈	이자
안심 은행	50000원	1000원
튼튼 은행	80000원	2400원

( ) 은행

4 사랑이네 농장에서는 닭 63마리, 오리 49마리, 염소 28마리를 기르고 있습니다. 전체 가축 수에 대한 오리 수의 비율을 백분율로 나타내세요.

(   ) %

5 대화를 읽고 미래 영화관에서 **가** 영화와 **나** 영화 중 어느 영화가 관람석 수에 대한 관객 수의 비율이 더 높은지 알아보세요.

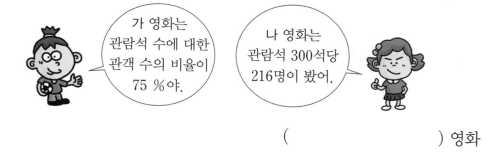

가 영화는
관람석 수에 대한
관객 수의 비율이
75 %야.

나 영화는
관람석 300석당
216명이 봤어.

(   ) 영화

 다음 학습 연관표

| 4과정 비와 비율 | → | 5과정 비례식과 비례배분 |

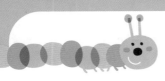

4과정 성취도 테스트

이 름	
실시 연월일	년 월 일
걸린 시간	분 초
오답 수	/ 12

1 사과 수와 접시 수를 비교해 보세요.

(1) $6-2=\boxed{}$ 이므로 사과 수는 접시 수보다 $\boxed{}$ 더 많습니다.

(2) $6\div2=\boxed{}$ 이므로 사과 수는 접시 수의 $\boxed{}$ 배입니다.

2 관계있는 것끼리 이어 보세요.

3 대 5 •

5와 3의 비 •

5에 대한 3의 비 •

5의 3에 대한 비 •

• 3 : 5

• 5 : 3

3 은호네 반 남학생은 12명, 여학생은 11명입니다. 은호네 반 전체 학생 수에 대한 남학생 수의 비를 써 보세요.

( )

4 전체에 대한 색칠한 부분의 비가 5 : 8이 되도록 색칠해 보세요.

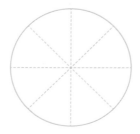

5 비교하는 양과 기준량을 찾아 쓰고 비율을 구해 보세요.

비	비교하는 양	기준량	비율
6 : 15			
7과 20의 비			

6 직사각형을 보고 물음에 답하세요.

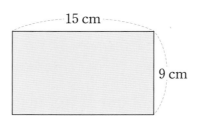

(1) 가로에 대한 세로의 비를 써 보세요.

(   )

(2) 가로에 대한 세로의 비율을 분수와 소수로 각각 나타내세요.

분수 (   ), 소수 (   )

7 흰색 물감과 검은색 물감을 섞어 회색 물감을 만들었습니다. 흰색 물감 300 mL에 검은색 물감 60 mL를 섞었을 때, 검은색 물감 양의 흰색 물감 양에 대한 비율을 구해 보세요.

( )

8 행복 마을과 사랑 마을의 인구와 넓이를 조사하여 나타낸 표입니다. 행복 마을과 사랑 마을 중 인구가 더 밀집한 곳은 어디인가요?

마을	행복 마을	사랑 마을
인구(명)	5200	6000
넓이(km²)	4	5

( ) 마을

9 그림을 보고 전체에 대한 색칠한 부분의 비율을 백분율로 나타내세요.

(1)

☐ %

(2)

☐ %

10 빈칸에 알맞은 수를 써넣으세요.

분수	소수	백분율(%)
$\dfrac{7}{20}$	0.35	
	0.09	9
$\dfrac{1}{4}$		

11 비율이 가장 큰 것부터 차례로 기호를 써 보세요.

> ㉠ 0.41   ㉡ $\dfrac{6}{15}$ ㉢ 43 %   ㉣ $\dfrac{18}{40}$

( )

12 세아는 할인율이 더 높은 머리핀을 사려고 합니다. 물음에 답하세요.

가

> 원래 가격
> : 2000원
> 할인 후 가격
> : 1500원

나

> 원래 가격
> : 1500원
> 할인 후 가격
> : 1200원

(1) 가 머리핀과 나 머리핀의 할인율을 각각 구해 보세요.

　가 머리핀 ( ) %, 나 머리핀 ( ) %

(2) 세아는 가 머리핀과 나 머리핀 중에서 어느 머리핀을 사면 되나요?

( ) 머리핀

성취도 테스트 결과표

4과정 비와 비율

번호	평가 요소	평가 내용	결과(○, X)	관련 내용
1	두 수의 비교	사과 수와 접시 수를 뺄셈과 나눗셈으로 비교할 수 있는지 확인하는 문제입니다.		2a
2	비 알아보기	비를 여러 가지 방법으로 나타낸 것을 보고 비를 찾아보는 문제입니다.		8a
3		전체 학생 수에 대한 남학생 수의 비를 나타낼 수 있는지 확인하는 문제입니다.		10a
4		주어진 비만큼 색칠해 보는 문제입니다.		12a
5	비율 알아보기	비에서 비교하는 양과 기준량을 찾고 비율로 나타내 보는 문제입니다.		15a
6		직사각형에서 가로에 대한 세로의 비를 쓰고 비율을 분수와 소수로 각각 나타내 보는 문제입니다.		19a
7	비율이 사용되는 경우 알아보기	검은색 물감 양의 흰색 물감 양에 대한 비율을 구해 보는 문제입니다.		22a
8		마을의 인구와 넓이를 비교하여 어느 마을이 인구가 더 밀집한 곳인지를 찾아보는 문제입니다.		24a
9	백분율 알아보기	그림을 보고 전체에 대한 색칠한 부분의 비율을 백분율로 나타낼 수 있는지 확인하는 문제입니다.		32a
10		비율(분수, 소수)을 백분율로 나타내고, 백분율을 비율(분수, 소수)로 나타내 보는 문제입니다.		33a
11		비율의 크기를 비교하여 차례대로 써 보는 문제입니다.		34b
12	백분율이 사용되는 경우 알아보기	두 머리핀의 할인율을 구하여 할인율이 더 높은 머리핀을 찾아보는 문제입니다.		39a

평가 기준

평가	□ A등급(매우 잘함)	□ B등급(잘함)	□ C등급(보통)	□ D등급(부족함)
오답 수	0~1	2	3	4~

• A, B등급 : 다음 교재를 시작하세요.

• C등급 : 틀린 부분을 다시 한번 더 공부한 후, 다음 교재를 시작하세요.

• D등급 : 본 교재를 다시 구입하여 복습한 후, 다음 교재를 시작하세요.

1ab

1 4, 8 **2** 8, 4, 4 / 4, 4

3 4, 2 / 8, $\frac{1}{2}$ / 2, $\frac{1}{2}$

4 3, 9 **5** 9, 3, 6 / 6, 6

6 3, 3 / 9, $\frac{1}{3}$ / 3, $\frac{1}{3}$

2ab

1 (1) 3, 3 (2) 2, 2

2 (1) 8, 8 (2) $\frac{1}{5}$, $\frac{1}{5}$

3 15, 12, 3 / 3

4 36, 9, 4 / 4

5 예 6−4=2, 빨간 구슬은 파란 구슬보다 2개 더 많습니다. / 4÷6=$\frac{2}{3}$, 파란 구슬 수는 빨간 구슬 수의 $\frac{2}{3}$배입니다.

〈풀이〉

5 • 6−4=2이므로 파란 구슬은 빨간 구슬보다 2개 더 적습니다.

• 6÷4=$\frac{3}{2}$이므로 빨간 구슬 수는 파란 구슬 수의 $\frac{3}{2}$배입니다.

3ab

1 (1) 2, 4 (2) 2, 4, 6, 8

2 (1) 2, 2 (2) 2, $\frac{1}{2}$

3 (1) (위에서부터) 15, 16, 17 / 11, 12, 13
(2) 4, 4

4 (1) (위에서부터) 18, 24, 30 / 9, 12, 15
(2) 2, $\frac{1}{2}$

〈풀이〉

3 13−9=4, 14−10=4, 15−11=4, 16−12=4, 17−13=4이므로
(서우 나이)−(동생 나이)=4입니다.

4 • 6÷3=2, 12÷6=2, 18÷9=2, 24÷12=2, 30÷15=2이므로
(모둠원 수)÷(가위 수)=2입니다.

• 3÷6=$\frac{1}{2}$, 6÷12=$\frac{1}{2}$, 9÷18=$\frac{1}{2}$, 12÷24=$\frac{1}{2}$, 15÷30=$\frac{1}{2}$이므로
(가위 수)÷(모둠원 수)=$\frac{1}{2}$입니다.

4ab

1 30, 40, 50

2 예 모둠 수에 따라 붙임딱지 수는 모둠원 수보다 각각 5, 10, 15, 20, 25 더 많습니다. / 붙임딱지 수는 항상 모둠원 수의 2배입니다.

3 예 **4** 아니요

5 24, 32, 40

6 예 모둠 수에 따라 피자 조각 수는 모둠원 수보다 각각 4, 8, 12, 16, 20 더 많습니다. / 피자 조각 수는 항상 모둠원 수의 2배입니다.

7 예 뺄셈으로 비교한 경우에는 모둠 수에 따라 모둠원 수와 피자 조각 수의 관계가 변하지만, 나눗셈으로 비교한 경우에는 모둠 수에 따른 모둠원 수와 피자 조각 수의 관계가 변하지 않습니다.

〈풀이〉

3 뺄셈으로 비교한 경우에는 모둠 수에 따라 10−5=5, 20−10=10, 30−15=15, 40−20=20, 50−25=25와 같이 붙임딱지 수와 모둠원 수의 관계가 변합니다.

4 나눗셈으로 비교한 경우에는 $10 \div 5=2$, $20 \div 10=2$, $30 \div 15=2$, $40 \div 20=2$, $50 \div 25=2$와 같이 붙임딱지 수는 항상 모둠원 수의 2배로 두 수의 관계가 변하지 않습니다.

5ab

1 채운　　　**2** 예린
3 (◯)　　**4** (　　)　　**5** (◯)
　(　)　　　(◯)　　　(　　)

〈풀이〉

1 (접시 수)÷(사과 수)=$3 \div 6 = \dfrac{1}{2}$이므로 접시 수는 사과 수의 $\dfrac{1}{2}$배입니다.

2 (물고기 수)−(어항 수)=8−2=6이므로 물고기 수는 어항 수보다 6 더 많습니다.

6ab

1 맞습니다에 ◯표
　예 $10-6=4$, $20-12=8$, $30-18=12$, $40-24=16$이므로 연필 수는 모둠원 수보다 각각 4, 8, 12, 16 더 많습니다.

2 틀립니다에 ◯표
　예 나눗셈으로 비교한 경우에는
　$6 \div 10 = \dfrac{3}{5}$, $12 \div 20 = \dfrac{3}{5}$, $18 \div 30 = \dfrac{3}{5}$,
　$24 \div 40 = \dfrac{3}{5}$과 같이 모둠원 수는 항상 연필 수의 $\dfrac{3}{5}$배로 두 수의 관계가 변하지 않습니다.

3 (1) 예 두 수를 뺄셈(또는 덧셈)으로 비교했습니다.
　(2) 예 두 수를 나눗셈(또는 곱셈)으로 비교했습니다.

7ab

1 (1) 비 (2) 비교하는 양 (3) 기준량
2 :, 2 : 6, 2 대 6, 비교하는 양, 기준량
3 (1) 9 대 4 (2) 3 대 10
4 (위에서부터) 5, 6 / 12, 9
5 2 : 7 / 8 : 3

8ab

1 8, 3 / 8, 3 / 8, 3 / 3, 8
2 5, 9 / 5, 9 / 5, 9 / 9, 5
3 7, 6 / 7, 6 / 7, 6 / 6, 7
4
5 (1) 4, 6 (2) 5, 2 (3) 3, 5
　(4) 8, 7 (5) 25, 16 (6) 8, 12

〈풀이〉

※　

9ab

1 (1) 2, 5 (2) 5, 2 (3) 2, 5 (4) 5, 2
2 (1) 9, 7 (2) 7, 9 (3) 9, 7 (4) 7, 9
3 (1) 4, 1 (2) 1, 4 (3) 1, 4 (4) 4, 1
4 (1) 3, 9 (2) 9, 3 (3) 9, 3 (4) 3, 9

〈풀이〉

1 (1), (3) 축구공 수를 농구공 수를 기준으로 하여 비교한 비이므로 2 : 5입니다.
　(2), (4) 농구공 수를 축구공 수를 기준으로 하여 비교한 비이므로 5 : 2입니다.

3 (1), (4) 물 양을 포도 원액 양을 기준으로 하여 비교한 비이므로 4 : 1입니다.
　(2), (3) 포도 원액 양을 물 양을 기준으로 하여 비교한 비이므로 1 : 4입니다.

10ab

1 ( )(○) 2 (○)( )
3 ( )(○) 4 12 : 8
5 21 : 29 6 13 : 24
7 11 : 25

〈풀이〉

4 세진: 12권, 윤아: 12-4=8(권)
따라서 세진이가 읽은 위인전 수와 윤아가
읽은 위인전 수의 비는 12 : 8입니다.

5 여자 자원봉사자 수: 21명
남자 자원봉사자 수: 50-21=29(명)
따라서 남자 자원봉사자 수에 대한 여자 자
원봉사자 수의 비는 21 : 29입니다.

6 남학생 수: 11명, 여학생 수: 13명
전체 학생 수: 11+13=24(명)
따라서 전체 학생 수에 대한 여학생 수의
비는 13 : 24입니다.

11ab

1 1, 4 2 3, 4 3 2, 6
4 5, 6 5 3, 8 6 6, 8
7 2, 6 8 3, 6 9 3, 8
10 4, 8 11 4, 10 12 5, 10

12ab

1 예   2 예

3 예

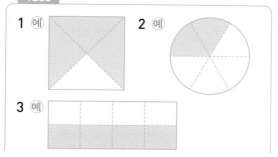

4 예   5 예

6 예

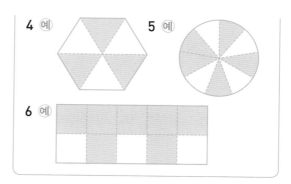

13ab

1 틀립니다에 ○표
예 8 : 5는 기준량이 5이지만 5 : 8은
기준량이 8이기 때문입니다.

2 맞습니다에 ○표
예 빨간 사과는 10-3=7(개)이므로 초
록 사과 수와 빨간 사과 수의 비는
3 : 7입니다.

3 맞습니다에 ○표
예 여학생은 25-11=14(명)이므로 여학
생 수와 남학생 수의 비는 14 : 11입니
다.

4 틀립니다에 ○표
예 전체 학생은 10+20=30(명)이므로
전체 학생 수에 대한 안경을 쓴 학생
수의 비는 10 : 30입니다.

〈풀이〉

1 8 : 5는 기준량이 5이고, 비교하는 양이 8
입니다. 그러나 5 : 8은 기준량이 8이고,
비교하는 양이 5이므로 8 : 5와 5 : 8은 다
릅니다.

14ab

1 12 : 8 2 20 : 15
3 8 : 11 4 2 : 7
5 35 : 15 6 13 : 87

〈풀이〉

4 학교에서부터 도서관까지 거리: 2 km
학교에서부터 도서관을 지나 공원까지 거리:
2+5=7 (km)
따라서 학교에서부터 도서관까지 거리와 학
교에서부터 도서관을 지나 공원까지 거리의
비는 2 : 7입니다.

5 출발점에서부터 장애물까지 거리: 35 m
장애물에서부터 도착점까지 거리:
50−35=15 (m)
따라서 출발점에서부터 장애물까지 거리와
장애물에서부터 도착점까지 거리의 비는
35 : 15입니다.

15ab

1 비율, 비교하는 양, 기준량, $\dfrac{비교하는\ 양}{기준량}$

2 비율

3 (1) 6 (2) 비교하는 양

4 (1) (○)(△) (2) (○)(△)
(3) (○)(△) (4) (△)(○)

5 (위에서부터) 4, 9 / 6, 10 / 8, 12
/ 5, 20

16ab

1 (1) $\dfrac{1}{5}$ (2) 1, 5, 0.2

2 (1) $\dfrac{4}{10}\left(=\dfrac{2}{5}\right)$ (2) 4, 10, 0.4

3 (1) $\dfrac{15}{6}\left(=\dfrac{5}{2}\right)$ (2) 15, 6, 2.5

4 (1) $\dfrac{7}{20}$ (2) 7, 20, 0.35

5 (1) $\dfrac{12}{5}$ (2) 12, 5, 2.4

6 (1) $\dfrac{18}{24}\left(=\dfrac{3}{4}\right)$ (2) 18, 24, 0.75

17ab

1 $\dfrac{4}{5}$, 0.8　　　2 $\dfrac{7}{2}$, 3.5

3 $\dfrac{2}{8}\left(=\dfrac{1}{4}\right)$, 0.25　　4 $\dfrac{5}{25}\left(=\dfrac{1}{5}\right)$, 0.2

5 $\dfrac{6}{4}\left(=\dfrac{3}{2}\right)$, 1.5　　6 $\dfrac{3}{10}$, 0.3

7 $\dfrac{9}{2}$, 4.5　　　8 $\dfrac{12}{5}$, 2.4

9 $\dfrac{4}{16}\left(=\dfrac{1}{4}\right)$, 0.25　　10 $\dfrac{14}{8}\left(=\dfrac{7}{4}\right)$, 1.75

〈풀이〉

1 4 : 5
$\Rightarrow \dfrac{4}{5}=\dfrac{4\times2}{5\times2}=\dfrac{8}{10}=0.8$

2 7과 2의 비 ⇨ 7 : 2
$\Rightarrow \dfrac{7}{2}=\dfrac{7\times5}{2\times5}=\dfrac{35}{10}=3.5$

3 2의 8에 대한 비 ⇨ 2 : 8
$\Rightarrow \dfrac{2}{8}=\dfrac{1}{4}=\dfrac{1\times25}{4\times25}=\dfrac{25}{100}=0.25$

4 25에 대한 5의 비 ⇨ 5 : 25
$\Rightarrow \dfrac{5}{25}=\dfrac{1}{5}=\dfrac{1\times2}{5\times2}=\dfrac{2}{10}=0.2$

18ab

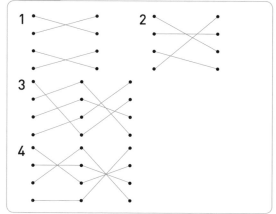

〈풀이〉

3 • 8 : 10

$\Rightarrow \dfrac{8}{10}\left(=\dfrac{4}{5}\right)=0.8$

• 16에 대한 4의 비 $\Rightarrow$ 4 : 16

$\Rightarrow \dfrac{4}{16}=\dfrac{1}{4}=\dfrac{1\times 25}{4\times 25}=\dfrac{25}{100}=0.25$

• 4와 25의 비 $\Rightarrow$ 4 : 25

$\Rightarrow \dfrac{4}{25}=\dfrac{4\times 4}{25\times 4}=\dfrac{16}{100}=0.16$

• 7의 20에 대한 비 $\Rightarrow$ 7 : 20

$\Rightarrow \dfrac{7}{20}=\dfrac{7\times 5}{20\times 5}=\dfrac{35}{100}=0.35$

19ab

1 (1) 10 : 20 (2) $\dfrac{10}{20}\left(=\dfrac{1}{2}\right)$, 0.5

2 (1) 15 : 25 (2) $\dfrac{15}{25}\left(=\dfrac{3}{5}\right)$, 0.6

3 (1) 0.75, 0.75

(2) 같습니다에 ○표

4 $\dfrac{6}{10}\left(=\dfrac{3}{5}=0.6\right)$ / $\dfrac{9}{15}\left(=\dfrac{3}{5}=0.6\right)$

예 두 직사각형의 가로와 세로의 길이는 다르지만 가로에 대한 세로의 비율은 같습니다.

〈풀이〉

3 가 액자: 가로 20 cm, 세로 15 cm
가로에 대한 세로의 비 $\Rightarrow$ 15 : 20

$\Rightarrow \dfrac{15}{20}=\dfrac{3}{4}=\dfrac{3\times 25}{4\times 25}=\dfrac{75}{100}=0.75$

나 액자: 가로 8 cm, 세로 6 cm
가로에 대한 세로의 비 $\Rightarrow$ 6 : 8

$\Rightarrow \dfrac{6}{8}=\dfrac{3}{4}=\dfrac{3\times 25}{4\times 25}=\dfrac{75}{100}=0.75$

따라서 두 액자의 가로에 대한 세로의 비율은 같습니다.

20ab

1 7 **2** 7 : 10

3 $\dfrac{7}{10}$, 0.7 **4** $\dfrac{3}{10}$, 0.3

5 9 **6** 9 : 20

7 $\dfrac{9}{20}$, 0.45

〈풀이〉

1 그림 면이 나온 회차는 3회, 4회, 5회, 7회, 8회, 9회, 10회이므로 7번 나왔습니다.

2 동전을 던진 횟수에 대한 그림 면이 나온 횟수의 비는 (그림 면이 나온 횟수) : (동전을 던진 횟수)이므로 7 : 10입니다.

21ab

1 (1) 달린 거리, 걸린 시간 (2) $\dfrac{50}{10}(=5)$

2 $\dfrac{100}{25}(=4)$

3 (1) $\dfrac{160}{2}(=80)$, $\dfrac{210}{3}(=70)$ (2) 빨간

4 B **5** B

〈풀이〉

3 (1) 걸린 시간에 대한 간 거리의 비율

$\Rightarrow \dfrac{(간\ 거리)}{(걸린\ 시간)}$

빨간 버스: $\dfrac{160}{2}=80$, 초록 버스: $\dfrac{210}{3}=70$

(2) 80 > 70이므로 빨간 버스가 더 빠릅니다.

5 두 기차의 걸린 시간에 대한 간 거리의 비율을 비교하면

A 기차: $\dfrac{240}{2}=120$

B 기차: 1분에 3 km를 달리므로 1시간 동안에는 3×60=180 (km)를 달립니다.

따라서 비율은 $\dfrac{180}{1}=180$입니다.

120 < 180이므로 B 기차가 더 빠릅니다.

22ab

1 (1) 검은색 페인트 양, 흰색 페인트 양

(2) $\frac{25}{250}\left(=\frac{1}{10}=0.1\right)$

2 $\frac{160}{400}\left(=\frac{2}{5}=0.4\right)$

3 (1) $\frac{70}{250}\left(=\frac{7}{25}=0.28\right)$, $\frac{60}{200}\left(=\frac{3}{10}=0.3\right)$

(2) 하은

4 A

〈풀이〉

3 (1) 포도주스 양에 대한 포도 원액 양의 비율

⇨ $\dfrac{(포도\ 원액\ 양)}{(포도주스\ 양)}$

시윤: $\frac{70}{250}=0.28$

하은: $\frac{60}{140+60}=\frac{60}{200}=0.3$

(2) 0.28 < 0.3이므로 하은이가 만든 포도주스가 더 진합니다.

23ab

1 (1) $\frac{15}{20}\left(=\frac{3}{4}=0.75\right)$, $\frac{19}{25}(=0.76)$

(2) 은지

2 (1) 지훈 (2) 혜민

3 시윤　　　**4** 선미　　　**5** 정훈

〈풀이〉

2 공을 넣은 횟수는 21 > 18로 지훈이가 더 많지만 골 성공률은 $\frac{21}{30}(=0.7) < \frac{18}{24}(=0.75)$로 혜민이가 더 높습니다.

5 전체 타수에 대한 안타 수의 비율

⇨ $\dfrac{(안타\ 수)}{(전체\ 타수)}$

정훈: $\frac{8}{25}=0.32$, 도영: $\frac{12}{40}=0.3$

0.32 > 0.3이므로 정훈이가 전체 타수에 대한 안타 수의 비율이 더 높습니다.

24ab

1 (1) $\frac{6400}{4}(=1600)$, $\frac{4500}{3}(=1500)$

(2) 희망

2 $\frac{31940}{5}(=6388)$, $\frac{14250}{2}(=7125)$ / 세호네

3 (1) $\frac{3300000}{200}(=16500)$, $\frac{4860000}{300}(=16200)$

(2) A

4 $\frac{1554000}{7400}(=210)$, $\frac{2132000}{8200}(=260)$

/ 충청남도

〈풀이〉

4 넓이에 대한 인구의 비율 ⇨ $\dfrac{(인구\ 수)}{(넓이)}$

충청북도: $\frac{1554000}{7400}=210$

충청남도: $\frac{2132000}{8200}=260$

210 < 260이므로 충청남도가 충청북도보다 인구가 더 밀집합니다.

25ab

1 $\frac{1}{50000}$

2 $\frac{3}{60000}\left(=\frac{1}{20000}\right)$

3 $\frac{5}{200000}\left(=\frac{1}{40000}\right)$

4 $\frac{90}{150}\left(=\frac{3}{5}=0.6\right)$, $\frac{75}{125}\left(=\frac{3}{5}=0.6\right)$

5 $\frac{60}{50}\left(=\frac{6}{5}=1.2\right)$, $\frac{36}{30}\left(=\frac{6}{5}=1.2\right)$

例 같은 시각에 두 막대의 길이에 대한 그림자 길이의 비율은 같습니다.

〈풀이〉

1 500 m=50000 cm이므로 지도 위의 거리 1 cm는 실제 거리 50000 cm입니다.

따라서 축척은 1 : 50000 ⇨ $\frac{1}{50000}$입니다.

26ab

1 (1) 100 (2) % (3) 85 (4) 퍼센트
2 100, %
3 5 %, 5 퍼센트
4 37 %, 37 퍼센트
5 18 %, 18 퍼센트
6 63 %, 63 퍼센트
7 94 %, 94 퍼센트

27ab

1 (1) 2, $\dfrac{78}{100}$ (2) 78

2 (1) 5, $\dfrac{65}{100}$ (2) 65

3 (1) 4, $\dfrac{64}{100}$ (2) 64

4 10, 10, $\dfrac{70}{100}$, 70

5 5, 5, $\dfrac{30}{100}$, 30

6 4, 4, $\dfrac{36}{100}$, 36

7 2, 2, $\dfrac{22}{100}$, 22

8 20, 20, $\dfrac{80}{100}$, 80

9 25, 25, $\dfrac{75}{100}$, 75

28ab

1 50   **2** 60
3 90   **4** 100, 55
5 100, 32   **6** 100, 120
7 75   **8** 40
9 95   **10** 84
11 34   **12** 125

29ab

1 54   **2** 7
3 82   **4** 100, 63
5 100, 40   **6** 100, 76
7 100, 115 **8** 28
9 9   **10** 72
11 94   **12** 41
13 80   **14** 136

30ab

1 47, 0.47   **2** 83, 0.83
3 50, 2, 0.5   **4** 28, 25, 0.28
5 40, 5, 0.4   **6** 6, 50, 0.06
7 25, 4, 0.25   **8** 70, 10, 0.7
9 120, 5, 1.2   **10** 125, 4, 1.25

31ab

1 $\dfrac{12}{100}\left(=\dfrac{3}{25}\right)$, 0.12

2 $\dfrac{65}{100}\left(=\dfrac{13}{20}\right)$, 0.65

3 $\dfrac{91}{100}$, 0.91

4 $\dfrac{30}{100}\left(=\dfrac{3}{10}\right)$, 0.3

5 $\dfrac{80}{100}\left(=\dfrac{4}{5}\right)$, 0.8

6 $\dfrac{75}{100}\left(=\dfrac{3}{4}\right)$, 0.75

7 $\dfrac{4}{100}\left(=\dfrac{1}{25}\right)$, 0.04

8 $\dfrac{60}{100}\left(=\dfrac{3}{5}\right)$, 0.6

9 $\dfrac{36}{100}\left(=\dfrac{9}{25}\right)$, 0.36

10 $\dfrac{45}{100}\left(=\dfrac{9}{20}\right)$, 0.45

11 $\dfrac{108}{100}\left(=\dfrac{27}{25}\right)$, 1.08

12 $\dfrac{150}{100}\left(=\dfrac{3}{2}\right)$, 1.5

32ab

1 25 **2** 36 **3** 30
4 48 **5** 45 **6** 60

7 (예)
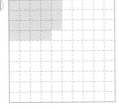

8 (예)

9 (예)

10 (예) **11** (예)

12 (예)

〈풀이〉

2 전체 50칸 중 색칠한 부분은 18칸이므로

$\dfrac{18}{50}\times100=36$ (%)입니다.

3 전체 30칸 중 색칠한 부분은 9칸이므로

$\dfrac{9}{30}\times100=30$ (%)입니다.

8 모눈이 50칸이고 전체에 대한 색칠한 부분의 비율이 28 %입니다.

28 % ⇨ $\dfrac{28}{100}=\dfrac{14}{50}$이므로 14칸을 색칠합니다.

9 모눈이 30칸이고 전체에 대한 색칠한 부분의 비율이 20 %입니다.

20 % ⇨ $\dfrac{20}{100}=\dfrac{1}{5}=\dfrac{6}{30}$이므로 6칸을 색칠합니다.

33ab

1 (위에서부터) 37 / $\dfrac{5}{100}\left(=\dfrac{1}{20}\right)$ / 0.6, 60

2 (위에서부터) $\dfrac{49}{100}$ / 0.25 / $\dfrac{4}{10}\left(=\dfrac{2}{5}\right)$, 40

3 (위에서부터) 0.16, 16 / $\dfrac{75}{100}\left(=\dfrac{3}{4}\right)$, 75

/ $\dfrac{45}{100}\left(=\dfrac{9}{20}\right)$, 0.45

4
5

34ab

1 >   **2** =   **3** >
4 <   **5** <   **6** >
7 <   **8** >   **9** =
10 <   **11** >   **12** =
13 0.45
14 28 %
15 ㄹ, ㄷ, ㄴ, ㄱ
16 ㄷ, ㄴ, ㄱ, ㄹ

〈풀이〉

1 $\dfrac{1}{4}=\dfrac{25}{100}$ ⇨ 25 %

따라서 $\dfrac{1}{4}>20$ %입니다.

7 $0.02=\dfrac{2}{100}$ ⇨ 2 %

따라서 0.02 < 20 %입니다.

13 $0.45\times100=45$ (%), $\dfrac{3}{12}\times100=25$ (%)

45 % > 37 % > 25 %이므로 비율이 가장 큰 것은 0.45입니다.

15 ㉠ $0.63 \times 100 = 63$ (%)

㉡ $\dfrac{21}{30} \times 100 = 70$ (%)

㉢ 74 %

㉣ $\dfrac{3}{4} \times 100 = 75$ (%)

따라서 75 % > 74 % > 70 % > 63 %이므로 비율이 큰 것부터 차례로 기호를 쓰면 ㉣, ㉢, ㉡, ㉠입니다.

35ab

1 윤호　　　　　　**2** 시윤

3 맞습니다에 ○표

　㉘ 백분율로 나타내려면 비율에 100을 곱해서 나온 값에 기호 %를 붙이면 됩니다.

4 틀립니다에 ○표

　㉘ 비율 $\dfrac{1}{5}$을 소수로 나타내면 0.2이고 이것을 백분율로 나타내면 $0.2 \times 100 = 20$이므로 20 %입니다.

〈풀이〉

1 분수와 소수 모두 비율에 100을 곱해서 백분율로 나타낼 수 있습니다.

2 백분율을 분수로 나타낼 때 분모가 100인 분수로 나타낼 수 있고, 이것을 크기가 같은 분수로 나타낼 수도 있습니다.

36ab

1 70　　　　　　　**2** 16

3 50, 55, 64 / 3

4 (1) 42, 55 (2) 42, 55, 3

5 47　　　　　　　**6** 나, 54

〈풀이〉

1 찬성률은 $\dfrac{(\text{찬성하는 학생 수})}{(\text{전체 학생 수})}$이므로

$\dfrac{21}{30} \times 100 = 70$ (%)입니다.

6 전체 투표수는 $145 + 270 + 80 + 5 = 500$(표)이고, 당선자는 득표수가 가장 많은 나 후보로 270표입니다.

따라서 당선자의 득표율은

$\dfrac{270}{500} \times 100 = 54$ (%)입니다.

37ab

1 16

2 (1) 150 (2) 30 (3) 20

3 25

4 (1) 25 (2) 20 (3) A

5 (1) 17, 19 (2) 시현

〈풀이〉

3 (소금물 양)=$150 + 50 = 200$ (g)

소금물 양에 대한 소금 양의 비율은

$\dfrac{(\text{소금 양})}{(\text{소금물 양})} \times 100 = \dfrac{50}{200} \times 100 = 25$ (%)입니다.

5 (1) 윤우: $\dfrac{51}{300} \times 100 = 17$ (%)

　　시현: $\dfrac{76}{400} \times 100 = 19$ (%)

(2) 17 % < 19 %이므로 시현이가 만든 소금물이 더 진합니다.

38ab

1 (1) 2000, 1500, 500

　(2) 500, 25

2 (1) 15000 (2) 60

3 (1) 1200 (2) 20

4 30　　　　　　　**5** 20700

〈풀이〉

4 10000−7000=3000(원)

(할인율)=$\frac{3000}{10000}×100=30$ (%)

5 23000원의 $\frac{10}{100}$만큼 할인받는 것이므로

$23000×\frac{10}{100}=2300$(원)을 할인받을 수 있습니다. 따라서 내야 하는 금액은
23000−2300=20700(원)입니다.
[다른 풀이] 10 %를 할인받을 수 있으므로 원래 가격의 90 %만 내면 됩니다.

$23000×\frac{90}{100}=20700$(원)

39ab

1 (1) 10, 15 (2) 나
2 (1) 20, 25 (2) 나
3 (1) 30 (2) 3600
4 접시　　　　　**5** 색연필

〈풀이〉

1 (1) 가 버스: 700−630=70(원)

(할인율)=$\frac{70}{700}×100=10$ (%)

나 버스: 800−680=120(원)

(할인율)=$\frac{120}{800}×100=15$ (%)

(2) 10 % < 15 %이므로 나 버스가 교통카드 할인율이 더 높습니다.

3 (1) (할인율)=$\frac{2100}{7000}×100=30$ (%)

(2) $12000×\frac{30}{100}=3600$(원)을 할인받을 수 있습니다.

40ab

1 56, 60, 하은
2 2　　　　　**3** 튼튼
4 35　　　　　**5** 가

〈풀이〉

3 안심 은행: $\frac{1000}{50000}×100=2$ (%)

튼튼 은행: $\frac{2400}{80000}×100=3$ (%)

2 % < 3 %이므로 튼튼 은행의 이자율이 더 높습니다.

5 가 영화: 75 %

나 영화: $\frac{216}{300}×100=72$ (%)

75 % > 72 %이므로 가 영화가 관람석 수에 대한 관객 수의 비율이 더 높습니다.

성취도 테스트

1 (1) 4, 4 (2) 3, 3
2
3 12 : 23
4 (예)

5 (위에서부터) 6, 15, $\frac{6}{15}\left(=\frac{2}{5}=0.4\right)$ /

7, 20, $\frac{7}{20}$(=0.35)

6 (1) 9 : 15 (2) $\frac{9}{15}\left(=\frac{3}{5}\right)$, 0.6

7 $\frac{60}{300}\left(=\frac{1}{5}=0.2\right)$

8 행복
9 (1) 36 (2) 40
10 (위에서부터) 35 / $\frac{9}{100}$ / 0.25, 25
11 ㄹ, ㄷ, ㄱ, ㄴ
12 (1) 25, 20 (2) 가